五南圖書出版公司 印行

圖解

作業管理

黃大偉 / 編著

閱讀文字

理解內容

觀看圖表

圖解讓
作業管理
更簡單

序

作業管理的內容極爲豐富，因爲它涵蓋了好幾門專業課程，像本書的預測（第三章）、設施布置（第六章）、工作設計（第七章）、品質管理（第九章）、及時生產（第十一章）、存貨管理（第十二章）、供應鏈管理（第十四章）、專案管理（第十六章），甚至有些節的層次，如時間數列分析、可靠度分析、高等製造技術、品質工程（田口方法）、決策理論等均自成一門課程，因此如何將如此浩瀚博大的內容濃縮在本小書又不失其精義，對作者實屬莫大的挑戰。感謝五南編輯群的鼓勵終於完成本書。

如果有人問我這本書的特色是什麼？我想只有「精簡」二字。在寫作上，簡是容易達成的，精就困難多了。這有點像本書一開始一樣，要放什麼料，放多少，似乎存乎作者一心。作業管理之學史除了現在市面的生產與作業管理外，還可溯自生產管理或工廠管理，因此，它兼有理論與實務的內容，多數讀者均無工廠或企業服務之經驗，在研讀上自有心理之障礙，況且每個企業在運作上均有相當之差異性，本書對實務過於細節部分則略之，但對基本管理原則應萬變不離其宗，因此，讀者只需抓住作業管理之精髓，在企業中自當運用自如。

本書可供大學工業工程、企管系作業管理或生產與作業管理以及生產管理教材或工程學系之管理課程，亦極適合企業界在職訓練，或企業界之財務、行政、會計人員之作業管理入門用。

感謝讀者採用本書，亦希望讀者諸君對本書之意見，至爲感荷。

第16章　專案管理

附錄　常態曲線下之面積

第1章
作業管理導論

1.1 導論

在研究**作業管理**（operations management, OM）前，我們不妨舉一個例子來說明什麼是作業管理。

假設有位叫義雄的青年想北漂到台北這個繁華的都市開賣滷肉飯。開店前他先要掂量一下自己資金有多少？顧客群在哪？在哪裡開店？附近有無競爭店家等等。店址確定後就預備要開張了，首先要決定菜單、價格。要買一些生財器具，並進行店面布置，包括廚房與餐桌擺設，等一切就緒後，要找一位歐巴桑幫忙洗碗、洗菜、送菜之類的雜活。開張前夕可能就要選定食材的供應商以維持供貨品質、數量的穩定。根據附近類似店家的營業情況，可估計出每天營業量，從而決定每天食材、進料多少等，以及是否還要再找一兩位歐巴桑幫忙。

等到開業後我們可想像義雄每日必須投入食材（原物料）、生財器具（設備）、廚藝（技術）等，透過烹食（轉換）直到產出了滷肉飯及各種小菜，並以此賺取利潤，週而復始。

義雄的開辦活動	對應之作業管理
(1) 在哪裡開店？	選址決策
(2) 開店前要掂量一下自己資金有多少？顧客群在哪？附近有無競爭店？	投資可行性評估、競爭力分析、決策
(3) 首先要決定菜單、價格	產品設計
(4) 買一些生財器具	採購
(5) 店面布置，包括廚房與餐具之擺設	布置規劃
(6) 找一位歐巴桑……是否還要再找一、二位歐巴桑	產能規劃、工作設計（獎薪）
(7) 選定食材的供應商以維持供貨品質、數量之穩定	供應商管理
(8) 根據附近類似的店家之營業情況，大約可估計出營業額。	預測、產能規劃

作業管理

作業管理是和生產商品或提供服務有關的**系統**（system）或**流程**（process）之管理。製造業亦稱流程為製程。義雄的經營和一些大型企業之經營規模相比簡直麻雀雖小五臟俱全，他們的作業活動都有作業流程、品質、現場管理、供應商管理、採購等，這些都是我們日後要談的內容。

供應鏈

　　企業產品或服務從投入一直到遞送到指定處所的歷程，有相當部分與**供應鏈**（supply chain）有關，因此研究作業管理就不能不連帶的談到供應鏈。具體言之，供應鏈是包括採購、生產與銷售之一連串組織，包括外部供應鏈與內部供應鏈兩部分：

1. 外部供應鏈：提供組織**原物料**（raw material）、**零組件**（parts）設備、勞動力或其他投入之**供應商**（supplier）與顧客。
2. 內部供應鏈：組織內與生產商品或提供服務作業有關之各職能部門。

　　在此，我們只需知道，供應鏈之決策主要在地點（包括生產與配銷地點等）、生產（考量的是生產量、產能、品質等）、配銷（考量的是運輸成本、顧客需求的數量及時間等）及存貨（例如：存貨水準、供應鏈之夥伴企業之作業協調以及倉儲等），這些都是**供應鏈管理**（Supply chain management, SCM）的核心課題，我們在爾後會陸續地提到它。

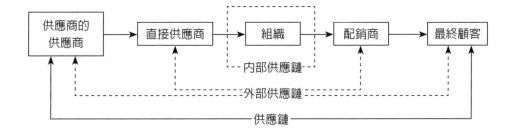

✚ 本節關鍵字

1. operations management (OM)
2. system
3. process
4. supply chain
5. raw material
6. parts
7. supplier
8. supply chain management (SCM)

1.2 作業系統

由上節的例子，我們看出義雄爲賺取利潤，他就必須集合各種**生產要素**（production factors），包括資金、店面、廚具、桌椅、食材、佐料、燃料、人力等**投入**（input），透過**轉換**（transformation）也就是烹調，最後有了**產出**（output）——滷肉飯，烹調過程中爲了了解滷肉飯味道是否到位，在烹調過程中可能還要嚐嚐是否還要調整味道、火候，也就是**回饋**（feedback），這是一個典型的**系統**（system）。那麼什麼是系統？作業系統又有哪些要素？我們先從系統說起。

系統

系統是一群互有關聯的個體，在一定架構下依某種法則來完成特定的功能或目標。以人體的呼吸系統爲例，鼻腔、氣管、肺臟……都是呼吸器官，人們在呼吸時各器官均各居其位，各司其職地合力完成呼吸動作。

系統包括了投入、轉換、產出、控制與回饋四個部分。企業本身是一個大系統，在這個大系統下又有許多**子系統**（subsystem），如作業系統、財務系統、行銷系統、人力資訊系統等。

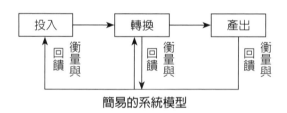

簡易的系統模型

作業系統

現在要對作業系統做進一步之闡述：

1. 投入：作業系統的投入包括物料、**在製品**（work-in-process, WIP）、機器設備、資金、勞動者、工廠或服務處所、能源、資訊、知識、技術等。
2. 轉換：作業的轉換可分成**系統設計**（system design）與**系統作業**（system operation）兩個部分：
   (1) 系統設計：系統設計包括選址規劃、工作設計、設施布置規劃等，這些都屬企業**戰略性**（strategic）的層次，一旦系統完成後不易修改，系統設計之參數會影響到日後運作之規模與順暢性。
   (2) 系統作業：系統作業包括排程規劃、品質管理、存貨管理、SCM，這些都是作業部門的**例行管理**（routine management），屬**戰術性**（tactic）或**作業**（operation）的層次。

　　戰略性、戰術性與作業的主要區別在於時間的長短，戰略性屬長期，戰術性屬短期而作業更短，通常以日爲單位。

3. 產出：系統的產出有有形的產品、副產品或無形的服務，但亦可能伴隨著廢棄物。在環保意識高漲的今日，廢棄物處理格外重要，一旦失誤就會帶來居民的抗爭、政府巨額罰鍰甚至停工，對企業形象及財務損失不貲。因此廢棄物之處理與減廢是企業營運的重點之一。

4. 控制與反饋：作業系統中會有一些**檢驗點**（holding point）將進度、不良率、成本等資訊，反饋到管理者，以決定是否要採取**矯正措施**（calibration）。

作業系統設計及管理之影響因素

　　影響作業設計及管理的因素很多，其中以顧客與技術最爲重要，顧客涉入程度越高（如服務業），那麼系統設計就越複雜；而技術對產品或服務之品質、成本、彈性與顧客滿意度都有影響。

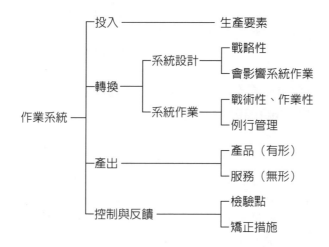

1.3 作業管理的目標

作業管理的目標

　　品質（quality）、**成本**（cost）、**交期**（delivery）與**彈性**（flexibility）是作業管理的四大目標：

1. 品質：什麼是品質各家說法不一，總的來說，品質是由顧客所定義應是普遍接受的看法。品質的重要性，不僅是為了降低產品或服務之不良率、客訴或退貨所造成的損失，更重要的是卓越的品質是維護顧客忠誠度以及維繫企業商譽的利器。

2. 成本：成本直接攸關企業獲利水準，在企業經營環境艱鉅的年代，如何降低成本自是燃眉之急，尤其成本是決定企業競爭力之要素，亦是本書重點之一。

3. 交期：交期是**以時間為基礎之競爭**（time-based competition），包括：依規定（如合約等）期限內提交產品或服務，縮短產品或服務自開發到上市之歷程以及快速提供新的產品或服務都是。

4. 彈性：在當今高度之品牌競爭、個別化之消費習性以及瞬息萬變之市場環境下，臨時抽單或**插單情況**（rush order）頻仍，企業能根據產能快速調整生產商品或提供服務的優先順序的能力自屬重要。

前置時間、週期時間與節拍時間

　　在爾後的討論中，時間這個因子對作業部門之採購時點、生產進度之掌控、履約交期等都具重要性。因此在此先介紹三個與時間有關的名詞──**前置時間**（lead time）、**週期時間**（cycle time）與**節拍時間**（takt time）。

1. 前置時間：前置時間是指作業活動的開始到結束為止所**經歷的時間**（duration），例如採購的前置時間是指從下單訂購到驗收入庫為止所經歷的時間。有些人把前置時間與**整備時間**（set-up time）搞混，整備時間才有準備的意思。製造的整備時間包括：

   (1) 整備時間：包括安排工作場所、清洗機台、換置刀具、**治具**（jig）或**夾具**（fixture），調整機器等所需的時間。

   (2) 操作時間：加工處理與裝配組合等所需的時間。

   (3) 非操作時間：搬運、貯存、擷取、檢驗、等待等非直接應用在生產所需的時間。

2. 週期時間：完成一個產品實際所需要的時間稱為週期時間。週期時間受到設備加工能力、工藝技術、勞動力配置等的影響，因此要縮短週期時間就要從這幾個因素改善著手。

3. 節拍時間：節拍時間是完成訂單或市場需求的平均實際耗費時間。節拍時間也稱為**稼動時間**（日文かどうじかん，kadoujikan），在日式生產管理如 JIT（just-in-time，及時生產）多用稼働時間這個名詞。

實際可用做生產之時間是可用時間扣除，如計畫性停工之時間日常維護保養、計畫性維修等，但不包括非計畫性維修或無預警的停工待料等。因此節拍時間的公式為：

$$節拍時間 = \frac{實際可用做生產之時間}{每天需要（實際）生產量}$$

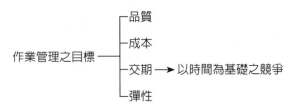

作業管理之目標 ┬ 品質
　　　　　　　├ 成本
　　　　　　　├ 交期 → 以時間為基礎之競爭
　　　　　　　└ 彈性

三個重要之有關時間之名詞

　┬ 前置時間 — 作業活動自始至終所需經歷之時間
　├ 週期時間 — 完成一產品實際所需之時間
　└ 節拍時間 — 完成訂單或市場需求量平均實際耗費時間

例題　某公司是採二班輪調制，每班工作 8 小時每班均有 80 分鐘之休息時間，輪班間有 20 分鐘交接與休息，若每天生產量為 160 個單位，求節拍時間。

解　$節拍時間 = \dfrac{每天實際用做生產時間}{每天生產量}$

$= \dfrac{（480 分鐘／班 - 80 分鐘／班）\times 2 班 - 20 分鐘}{160 單位}$

$= 4.875$ 分鐘／單位

✚ 本節關鍵字

1. quality	8. cycle time
2. cost	9. takt time
3. delivery	10. duration
4. flexibility	11. set-up time
5. time-based competition	12. kadoujikan
6. rush order	13. just-in-time (JIT)
7. lead time	

1.4　流程管理

流程管理

　　系統從投入經轉換到產出之一連串製造或服務的**活動**（activity）稱為**流程**（process）。企業流程管理包括流程的設計、執行與監控，以使流程的**產能**（capacity）能滿足顧客的需求，這裡的顧客包括企業內部員工或部門的**內部顧客**（inner customer）與包括供應商、消費者等之**外部顧客**（outer customer）。流程管理要做的好之先決條件是要有良好的需求預測並有將預測轉化成產能需求的能力，但預測都有誤差，會產生流程上的變異問題，因此流程管理者最重要的工作就是將這些變異造成的影響減至最低。

　　流程分析與改善之目的就是要提升品質、降低成本、取得時間競爭上的優勢（準時交貨、新產品與服務能更快地上市等）、對市場的競爭能有**快速反應**（quick response, QR）。

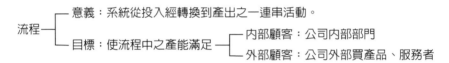

作業與其他部門之關係

　　作業與行銷、財務為企業三大基本功能，都有部門專司其職。作業部門負責產出產品或提供服務，它在推動業務時需要其他部門的支援，例如：

- 行銷部門提供客訴、競爭廠牌產品或服務之最新資訊及未來產品或服務的需求計畫。
- 財務部門籌措作業所需之資金、投資可行性分析。
- 研究發展部門要研究是否有業外競爭產品與新產品設計、維護企業產品之專利等。
- 維修部門對生產設備之維護保養及緊急維修。
- 採購部門對主要原物料、機具設備之取得、存貨管理與承包商管理等。

附加價值

　　附加價值（value-added）是投入的成本與產出價值（或價格）的差異，生產或服務系統從投入、轉換到產出的一連串活動中都會創造出附加價值。

　　附加價值在作業管理中始終居於最重要的思維，企業在引入新的作業方式、新的機具設備前都會檢討這麼做是否會產生附加價值？以及創造出多少的附加價值？

其他部門與作業部門之支援關係

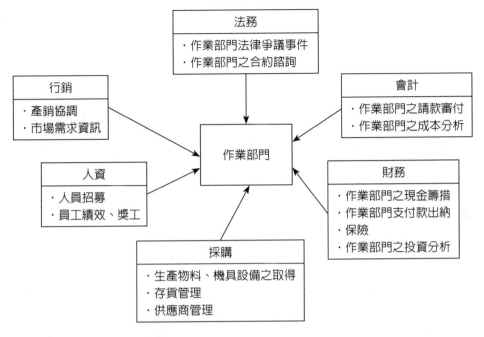

一個附加價值的示意圖

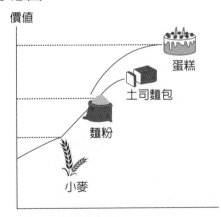

+ 本節關鍵字

1. activity
2. capacity
3. inner customer
4. outer customer
5. quick response (QR)
6. value-added

1.5 製造業和服務業

製造業和服務業

　　製造業是一個國家硬實力的表徵，美國川普總統高喊要讓美國再次偉大，目的就是要製造業回美國。即便如此，製造業也需要服務業支撐，例如運輸快遞、銀行保險、電訊通信甚至保全、餐飲等。強大的製造業，通常都可帶動服務業的健康發展，一旦製造業衰退也會連帶地使服務業趨向不振。但是世界先進國家之製造業朝向自動化的製造方法，及大量外包使得服務業就業人口占國家勞動市場比率很大，以美國為例約 70%。此外，製造業也有許多部門與服務有關，例如業務推廣部門、公共關係部門、**人力資源**（human resource, HR）部門，他們也從事類似製造部門類同的作業管理，只不過做法上需做若干調整。

製造業和服務業不同處

　　雖然製造業和服務業有密切的關係，但兩者仍有一些不同點，例如：

* 製造業為**產品導向**（product-oriented），而服務業則為**行動導向**（action-oriented），製造業的產出是有形的而服務業的產出是無形的。
* 接觸顧客的程度：除了像網際網路、電信業等外，服務業與顧客接觸的程度一般都比製造業高。
* 投入之一致性：製造業的投入較易控制因此較具一致性，服務業因顧客的個別需求較高，因此投入之一致性較低。
* 勞動力之要求：除了像醫療、律師、會計師、軟體設計師等一些特殊的服務業外，製造業對勞動力素質要求上普遍要比服務業高，薪資通常也來得高。
* 生產力之衡量：服務業投入具有多變性，因此服務業生產力在衡量上較製造業困難。
* 品質保證：服務業投入之多變性再加上作業與消費同時發生，造成服務業之**品質保證**（quality assurance, QA）較製造業有更高的挑戰性。
* 存貨：製造業的存貨往往較服務業為多，而服務業之服務不具儲存性。
　　儘管製造業和服務業在**做什麼**（what to do）多有不同處，但在**如何做**（how to do）卻有相同之處，這就是作業管理能同時應用在製造業和服務業的主要原因。

製造業服務化──軟性製造（soft manufacturing）

　　除了商品本身的價格、功能外，消費者在商品購買時也會考量到商品有哪些附加價值。因此透過附帶的服務所創造出的差異化也確實能為企業創造出

競爭優勢，所以製造業者除了產品本身外還要注意到產品能提供消費者的附加價值。手機服務站提供的免費維修、指導顧客提升手機的一些功能，就是製造業服務化的例子。

　　企業在進行製造業服務化時要利用**顧客關係管理**（customer relationship management, CRM）分析消費者之需要及其潛在需求，如此才好發展與客戶的關係，這些都有賴**資訊科技**（information technology, IT）與**大數據**（big data）的支援，因此具有統合資訊、統計和行銷知識之人才是絕對不可或缺的。台灣製造業者在推動製造業服務化時除人才的培育外，在心理上更要建立以客為尊的觀念，切勿因節省成本而對客服躊躇不前。

製造業和服務業之比較表

　　服務業與製造業有許多不同之處，例如製造業以產品為中心，而服務業是以人為中心，此外二者不同處如下：

項目	製造業	服務業
結果導向	產品導向	行動導向
接觸顧客程度	低	高
投入一致性	高	低
勞動力密集度	高	低
生產力衡量	較容易	較困難
品質保證	較容易	較困難
存貨	多	極少
產出	有形	無形
產能	可以儲存、彈性	無儲存性
需求變異性	通常較小	通常較大
專利能力	容易取得	不容易取得

✚ 本節關鍵字

1. human resource (HR)
2. product-oriented
3. action-oriented
4. quaility assurance (QA)
5. soft manufacturing
6. customer relationship management (CRM)
7. information technology (IT)
8. big data

1.6 決策

決策是什麼

　　決策（decision-making）是方案（alternative）選擇的過程。企業的每一個成員都要對其工作進行決策，只不過高階經理人面對的決策較偏向戰略性，作業部門偏戰術性或作業層面。

　　作業管理之決策，本質上不脫5W1H，即何人（who）、何事（what）、何時（when）、何地（where）、何物（what）及如何（how），內容上則涵蓋了品質、成本、交期、彈性、生產規劃、工業安全、供應商管理等問題。

　　企業決策問題常是跨領域的，例如新產品開發可能涉及製造、行銷、財務等部門，因此群體決策（group decision）是常見的方式。企業之群體決策可能方式有好幾種，其中會議和會簽辦是最常見的方式。

決策的步驟

　　決策的步驟大致有：

1. 確定問題：確定問題的定義與範圍。
2. 訂立目標：目標必須是明確的，可評估的、可行的（財務與技術）且進度必須是可追蹤的。
3. 盡可能列舉各種可能方案：方案務求周延，包括不做。
4. 設立決策準則：決策準則（decision criteria）可能是有形的，例如：總成本、投資報酬率（rate of investment, ROI），也可能是無形的，例如：商譽等。
5. 遴選最佳方案：根據決策準則評選出最佳方案。
6. 方案執行：方案選定後就要付諸執行。
7. 執行檢核：方案執行過程中設有檢核機制，以查核執行結果是否偏離目標？是否要補強或採取矯正措施？

決策未臻理想的原因

　　在實務上，決策的結果常是不盡如人意，原因大致可歸納為：

1. 問題的複雜度超出決策者所能理解或決策者所能掌握的資訊或技術不足，這些都導致決策者無法做出理想的決策。
2. 決策者一意孤行或無法毅然決然地放棄一個沒有成功希望的決策，又或過於鑽牛角尖以致陷入決策泥淖。
3. 人們的想法會隨時間或環境之變遷而改變，以致想法常不一致。

風險管理

　　決策過程中風險（risk）是不可避免的，因此要想做一個完全沒有風險的決策是不切實際的。風險管理之目的是在可接受的風險下追求最大的利益，而不是去追求零風險。風險管理有四個步驟，風險辨識、風險評估、風險處

理與風險監控：

1. 風險辨識：找出潛在風險是風險管理的第一步，像 **腦力激盪** （brainstorming）、**問卷調查**（questionaire）、**情境模擬**（senario simulation）等都是找出潛在風險之可行的方法。

2. 風險評估：列出所有潛在風險的可能原因與影響程度並書面化。區分出可容忍與不可容忍的風險，從而決定風險事件的優先順序。

3. 風險處理：有了風險評估的結果，接著要對不可容忍的風險採取對策，是要規避還是轉移？是部分轉移還是全部轉移？決定後，便可準備處理方案。

4. 風險監控：將評估結果做出 **風險矩陣**（risk matrix），可看出風險事件發生機率與對應之影響程度。對發生機率高且影響程度大的風險事件自然要投入高度注意，對發生機率低且影響程度小的風險事件投入之注意力當然相對比較小，其他的就介於兩者之中。

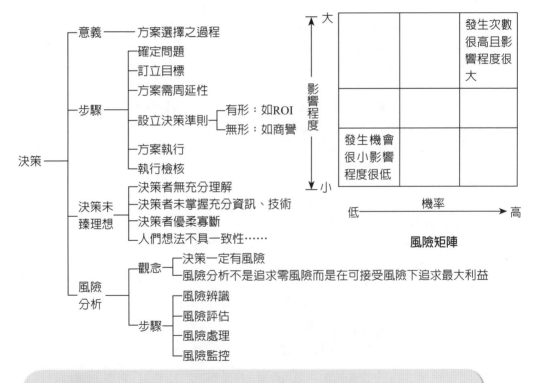

風險矩陣

1.7 決策分析方法

決策分析的方法

決策分析的方法有**建模**（model building）、系統方法等。分述如下：

建模

小朋友玩具車、工地旁的樣品屋等都是模型（model），我們可以說模型是物件、事實、現象或想法之抽象化或簡化版。模型可分實體模型、圖示模型和數學模型等，但我們最感興趣的是數學模型。

數學模型大致可分：

1. 決定性模型和隨機性模型：數學模式中含不確定因素者稱為**隨機性模型**（stochastic model），隨機模型是以機率作為分析的工具，像**風險分析**（risk analysis）以及以後要談的**可靠度**（reliability）等都是。否則則為**決定性模型**（deterministic model）。

2. **動態模型**（dynamic model）和**靜態模型**（static model）：含有將整個模型分成幾個**階段**（stage）之因子（通常是時間）者稱為動態模型否則為靜態模型。

在個人電腦與**軟體工程**（software engineering）發達的今日，管理者應用數學模型去分析問題，或反覆地用「**若……則**」（if ... then）來對問題進行**模擬**（simulation），以求得一個好的解，這使得數學模型變得有親和力，因此以往只在學術殿堂的數學模型也逐漸應用於管理決策。

為了簡約的緣故，決策者對數學建模都會有一些假設，以致一些質性以及決策者認為不重要甚至是建模者無法處理的因子，都可能被排除掉，造成模型與實際問題間總存在著某種程度的差距，因此決策者在應用數學模型時，應注意模型的目的、應用、解釋、假設和限制等。

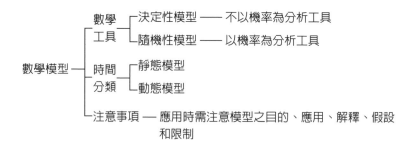

系統方法

　　系統方法是以整個系統作爲分析的標的，它是用宏觀的角度來分析問題、解決問題。因此整體性的考量是最重要的特徵，在此特徵下，系統整體之績效比個別子系統的績效更爲重要，企業整體之利益大於各部門之利益。

　　企業擁有的資源（人力、資金、技術等）是有限的，若爲提升某個系統的績效而挹注過多的資源於此系統，自然會排擠到其他系統能分配到的資源，這勢必會損及企業整體績效。**全球化競爭**（global competition）之產銷環境使得企業營運處於高度複雜度之情況，迫使企業內部爭取資源的現象日益嚴峻，因此企業更須以系統方法去看待這些問題。

優先順序原則

　　對系統方法實踐者而言，建立**優先順序**（priority）的能力是很重要的。所謂輕重緩急，就是這個意思。實務上，決策者要處理的事件不只一件，但並非每個事件都同等重要，往往少數事件具有決定性的重要性，這就是所謂的80/20 原則，意指只要解決 20% 問題主因，就解決了問題之 80%，此即**柏拉圖現象**（Pareto phemomenon）[註]**柏拉圖分析**（Pareto analysis）[註]在排訂優先順序是一個很重要的工具。作業部門在面臨不同交期、不同批量大小的訂單、緊急插單或臨時需變更生產線時都要考慮到優先順序。

取捨原則

　　在優先順序之原則下往往伴隨了取捨原則。簡單地說**取捨**（trade-off）就是有所得必有所失，它經常應用在作業管理，例如：某企業計畫在甲乙兩地選擇一個地點建廠，甲地離市場遠但建廠成本較低，乙地恰恰相反，這就是一個典型的取捨問題。企業在作決取捨分析時通常會根據問題內之小項的相對**權重**（weight），做出最後之抉擇。

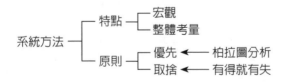

註：柏拉圖分析請參閱第 9 章。

第2章
生產力、競爭力與策略

2.1　生產力的意義

生產力的定義

　　生產力（productivity）是產出及投入的比率，它是評估一個作業系統的績效指標。生產力基本的定義式是：

$$生產力 = \frac{產出}{投入量}$$

因此，某生產要素之生產力是指一個單位的投入能有多少產出。

　　生產力因衡量的目的而可分下列三種公式：

1. **偏生產力**（partial productivity）：偏生產力因只考慮一種生產要素之投入，故也稱為**單因子生產力**（single factor productivity），其基本計算式為：

$$生產力 = \frac{產出}{某生產要素之投入量}$$

不同的單因子投入有不同意義的生產力，例如：

- 勞動生產力 $= \dfrac{產出}{勞動}$，它表示每一作業人員對產出的貢獻。

- 資本生產力 $= \dfrac{產出}{資本}$，它表示每投資 1 元對產出的貢獻。

2. **多因子生產力**（multiple factor productivity），其通式為：

$$生產力 = \frac{產出}{生產要素 1 + 生產要素 2 + \cdots 生產要素 n 之投入量}$$

多因子生產力也可因衡量的目的而有不同的計算式。

3. **總生產力**（total productivity）計算式為：

$$生產力 = \frac{產品或服務之產出}{用於生產或服務之總投入}$$

　　在計算多因子生產力與總生產力時，各投入的單位都必須相同，否則無法進行加法運算，這時通常以貨幣表示最為方便。

> **例題**　若某工廠生產 2,500 個工件，它耗用之工時、電力、鋼材、雜支之數量、單價如下表：

投入	數量	單價
勞力	2,500工件	$4／工時
電力	4,000kw	$3／kw
3號鋼片	500片	$6／片
雜支		$2,000

(1) 求生產力並說明其意義。

(2) 若發現其中有 100 單位工件是報廢品，求生產力。

(3) 利潤爲何？

(4) 若要有盈餘，成品單價至少要多少？

解 (1) 勞力：$4／工時 ×2,500 工件 ＝ $10,000

電力：$3／kw×4,000kw　　 ＝ $12,000

3 號鋼片：$6／片 ×500 片 ＝ $ 3,000

雜支：　　　　　　　　　　$ 2,000

$27,000

$$\therefore 生產力 = \frac{2,500}{27,000} = 0.093 個／元，它表示每投入 1 元可得 0.093 個$$

(2) $生產力 = \frac{2,500 - 100}{27,000} = 0.088 個／元$

(3) 因無成品單價資料，故不知此批工作之利潤。

(4) 因總成本爲 $27,000，有效產出 2,400 個∴每個工件之單價至少要 $27,000／2,400 個 ＝ $11.25／個。

服務業的生產力

服務業的生產力通常是取決於特殊的流程，例如：大學入學率＝實際註冊的學生數／全部准予入學學生的學生數，但對有高度知識含量的行業如律師、醫師、會計師、管理諮詢等在生產力評估上遠比製造業爲困難，因此更不容易定出有意義的生產力。

衡量生產力的功用

管理者可持續追蹤生產力來判斷工作績效以及資源應用的有效程度，當生產力下滑時可檢視用來評估生產力諸因子數據之變化情形從而找出改善之途徑，方法、資本、品質、技術、管理等都是檢視的方向。

生產力成長是一個比較二個時期生產力的工具：

$$第 n 期生產力成長率 = \frac{第 n 期生產力 - 第 n\text{-}1 期生產力}{第 n\text{-}1 期生產力} \times 100\%$$

生產力在解讀上應注意的事項

提高生產力並不保證會增加企業的利潤或競爭優勢。美國企業在面臨經營困境時常會裁員，初期可能會增加生產力但長期下來就會降低產品或服務的品質或損及作業彈性從而不利企業的**競爭力**（competitiveness），因此研究生產力時必須同時顧到競爭力，否則生產力不過是一個統計數字。

✚ 本節關鍵字

1. productivity
2. partial productivity
3. single factor productivity
4. multiple factor productivity
5. total productivity
6. competitiveness

2.2　影響生產力的原因及改善

影響生產力的原因

　　過往有一個想法，那就是勞工是決定生產力的主要因素，而近代的研究與實務顯示科技、製程改善對生產力之提升更具關鍵性。影響生產力的原因可從品質、資訊、科技、人員等面向進行檢討，略述如下：

- 品質變異：品質變異大意味著產品或服務的不良率大，這也意味著**重工**（re-do）的機會大，當然會降低生產力。作業**標準化**（standardization）是個改善的方向，因為產品標準化越高，品質變異越小，這有助於提升產品的品質。
- 資訊化的程度：**網際網路**（internet）的使用可增加企業資訊流通的速度，有利於企業對經營系統的掌控。資訊專業人員以及一般作業人員 IT 掌握之能力更是企業 IT 深化與廣化的關鍵。對高度資訊化的企業而言，資安絕對是不可輕忽的一環，因為一旦病毒、駭客入侵會使企業資訊被竊、高科技設備當機，造成企業莫大損失。
- 技術：技術是將科學發現應用在產品與服務之發展與改善的能力，包括產品與服務的技術、**流程技術**（process technology）與 IT。技術在降低成本、產品／服務之創新、提升企業生產力與競爭力都是深具關鍵性的。
- 安全：工安事故往往會造成機具設備停工待修或政府勒令停產，這當然影響生產力。
- 人員：人員是作業系統最重要的投入，因為不論機器的操控、維護保養、系統的監控檢測與運作都需要作業人員，因此人員之遴選、訓練與激勵都是企業提升人力素質之手段當然也是提升生產力的必要措施。

生產力的改善

　　企業或部門改善生產力的途徑有：
- 對所有作業找出衡量其生產力的公式。
- 管理階層的支持及激勵措施。
- 找出關鍵作業，然後用系統的方法來提升整體的生產力。
- 透過徵詢員工意見、尋找**標竿**（benchmark）等方式，對工作做全面檢討。
- 擬定合理的改善目標並公布改善後之績效成果。

標竿

　　我們剛剛在生產力的改善裡談到標竿，標竿是企業在同業或異業中找出一個最佳的企業，透過學習、比較來提升競爭力的過程。因此作業管理中不論是提升生產力，還是以後要談的改善競爭力、**全面品質管理**（total quality management, TQM）、**六標準差**（six sigma, 6s）等活動都可看到標竿的身影。標竿的步驟是：

- 確認需要改善的流程並據此確認最優企業
- 與標竿企業接觸，研究其標竿活動
- 分析資料
- 改善流程

影響生產力之因素	生產力改進方式
1. 製程	・針對所有作業，發展生產力衡量方法，並公布之。 ・透過 R&D（researsh and development）進行製程改善。 ・找出關鍵作業，進行改善。 ・評估自動化，適度地引入。 ・以系統之觀念提升整個系統之生產力。
2. 品質 　・不良率	・高階管理全力支持 TQM。 ・嚴謹的製程分析與持續改善。 ・參與競逐國家品質獎。
3. 資訊 　・網際網路 　・資訊安全 　　—電腦病毒 　　—駭客 　・資訊人員之技能	・考慮企業 e 化（e-businese）。 ・把握資訊安全三原則 機密性：(1) 確保資料傳遞與儲存的私密性，機密性資料傳遞與儲存必須加密處理。 　　　　(2) 避免未經授權者揭露資料內容。 完整性：只有有權限的人可修改資料內容。 可用性：在機密性與完整性之原則，使用者要求使用資訊時均可在適當時機內獲得回應。
4. 安全	・加強工安宣導並將工安要求納入**標準作業程序**（standard operation procedure, SOP） ・推動 5S 運動。 ・徹底進行設備分級保養。
5. 組織 　・組織結構 　・高階主管 　・員工	・組織扁平化，進行**組織重整**（re-organization），並建立標竿。 ・高階主管對提升生產力之活動予以支持與激勵。 ・以類似**品管圈**（quality control circle, QCC）的方式廣徵員工對提升生產力之提案。 ・強化員工技能。

✚ 本節關鍵字

1. re-do
2. standardization
3. internet
4. process technology
5. benchmark
6. total quality management (TQM)
7. six sigma (6s)
8. research and development (R&D)
9. e-business
10. standard operation procedure (SOP)
11. 5S
12. re-organization
13. quality control circle (QCC)

2.3 競爭力

影響競爭力的因素

就作業管理而言,影響企業競爭力的原因有:

- 產品與服務的設計:包括產品或服務的獨特性、創新與新產品或服務的上市時間。
- 品質:品質的重要性已是企業生存的基本要件,好的產品或服務的品質有助於維繫顧客的忠誠度。卓越的品質應具有有效的高階領導、顧客導向的觀點、員工全面參與、嚴謹的製程分析以及持續改善等要素。
- 成本:成本直接影響到訂價決策與利潤,關乎競爭力的重要因素。
- 快速回應:企業面臨市場機會或需求改變時能做出**快速回應**（quick response, QR）的能力,也就是所謂的**敏捷**（agility）。敏捷對壓縮產品、服務的改良或創新的時間都很重要。將新產品、服務或改良後的產品、服務儘速上市,顧客下單後儘速將產品送達顧客指定之交貨處或者是儘速處理客訴等都是快速回應的例子。持續的流程分析與改善是 QR 的最大動力。
- 彈性:指企業面對改變的反應能力。在快速競爭、瞬息萬變之市場環境快速調整生產或服務優先順序的能力自屬競爭力重要的一環。
- 地點:就製造業而言,地點的選擇會影響到勞工的來源、原物料與製成品的運輸成本等。服務業之服務據點會因客群聚集與流動之程度而影響到它的競爭力。
- 供應鏈管理:供應鏈內的企業夥伴利害與共,因此供應鏈中某個企業夥伴出現了重大營運問題勢必波及其他的企業夥伴,當然直接影響到企業的競爭力。我們在第十四章會做更詳細的說明。
- 存貨管理:存貨是企業營運所必須的,但是過多的存貨不僅影響企業資金的運用也會掩藏生產問題,因此如何在存量與營運需要間做一拿捏是作業部門關切的事。
- 服務:服務的範圍很廣,就服務業而言,付出額外的關心、禮貌等對他們的競爭力有很大幫助,就製造業而言,製造業服務化已是必然趨勢,因此服務品質也是企業競爭力的一個要項。
- 管理者與員工:如何激勵員工將其技能、創意與工作的熱忱貢獻企業?如何維持勞資和諧?這些對企業創造競爭力優勢都是很重要的。
- 社會形象:社會形象包括**企業道德**（business ethical）與廠商之**產品責任**（product liability）兩部分。企業道德方面,不實的財務報表、不實的檢驗結果、偷排汙染物、血汗工廠等,不僅使得企業在商譽上造成極大的創

傷，在政府、輿論、消費者等之壓力下，企業對企業道德必須嚴肅看待。廠商之產品責任包括廠商必須為其產品之瑕疵進行回收或進廠維修等。在顧客的安全意識日高之今日，企業必須正視產品責任問題，就某個意義而言，它也是對企業受傷之商譽所做之補救措施。

效率與效果

談了生產力與競爭力後，我們不妨先談兩個常為人混淆的兩個名詞：**效率**（effectiveness）與**效果**（efficiency）。簡單地說，效率講究的是「**做對的事**」（do the right thing）而效果則是「**把事情做對**」（do the thing right）。

生產力講究的是效果，而競爭力講究的是效率。因此，企業或個人在行事時必先「做對的事」（效率）然後再「把事做對」（效果）。換言之，企業在決策上必須先講求方向正確，再以此為目標執行。

我們以某人要開車從台北到高雄趕辦一件急事為例，說明什麼是做對的事（效率），什麼是把事情做對（效果）：

分類	說明	結果
無效率無效果	往北駛（無效率，即做不對的事） 慢慢駛（無效果，即未把事做對）	到不了目的地
無效率有效果	往北駛（無效率，即做不對的事） 在規定速度上限行駛（有效果，即把事做對）	到不了目的地
有效率無效果	往南駛（有效率，即做對的事） 慢慢駛（無效果，即未把事做對）	較慢到目的地
有效率有效果	往南駛（有效率，即做對的事） 在規定速度上限行駛（有效果，即把事做對）	很快到目的地

✚ 本節關鍵字

1. quick response (QR)
2. agility
3. business ethical
4. product liability
5. effectiveness
6. efficiency
7. do the right thing
8. do the thing right

2.4 作業策略

企業使命、目標與策略

作業策略（operations strategy）是作業部門執行任務之指導方針。作業策略在擬定上是有階層性的：

使命→使命聲明→目標→企業策略→作業策略

我們先從**使命**（mission）說起。使命是組織存在的理由，有了使命後便要有**使命聲明**（mission statement）來描述組織的**目標**（goal），有了組織目標就可擬定**企業策略**（business strategy）。

中油的使命、願景與經營理念
1. 使命：穩定能源供應、提供多元服務、追求永續發展。
2. 願景：涵蓋探勘、油氣、石化、高科技具競爭力之綜合性國際能源集團。
3. 經營理念：品質第一、服務至上、貢獻最大。

策略學者波特（Michael E. Porter, 1947）認為企業有三種**基本的競爭策略**（generic competitive strategies）：(1) 成本領導策略、(2) 差異化策略與 (3) 目標集中策略。作業管理學者史蒂文斯（William J. Stevenson）提出三個基本的企業策略：(1) 低成本策略、(2) 快速回應策略與 (3) 差異化策略。有些企業採單一的策略，有的企業則採二個以上策略的組合。學者對什麼是策略有不同的說法，但策略攸關組織的競爭優勢應是大家共認的事實。

策略具有階層性，企業策略為職能部門在策略擬定上提供指導方向，換言之，職能部門的作業策略必須依循企業策略而不應與之牴觸。企業的競爭策略都要作業策略支撐，因此作業策略是企業策略中最重要的一環自屬意料之中。

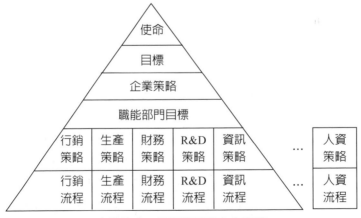

企業使命、目標與策略之金字塔

企業的核心能力

企業策略是根據企業的**核心能力**（core competency）結合企業經營理念訂出來的。企業的核心能力概略地說就是競爭者模仿不來的獨特屬性或能力，而這種獨特屬性或能力足以確保企業的競爭優勢。一些知名的國際大企業，儘管他的產品種類繁多，但追根究底都可看到企業核心能力的影子。

作業策略的步驟

作業部門根據企業策略建立的**作業策略**，強調的是「如何做」，其規劃的步驟是：

- 定義任務的目標。
- 進行 SWOT 分析：就企業的外在環境，分析其**機會**（opportunity）和**威脅**（threat），並就企業的內在環境分析其**優勢**（strength）和**劣勢**（weakness），以作為規劃和執行策略的依據。在 SWOT 分析中特對威脅與機會的事件與趨勢所做的考量特稱為**環境掃描**（environmental scanning）。
- 根據 SWOT 分析結果建構各種執行策略。
- 執行策略：將擬定好的策略交付執行。
- 成效評估：將計畫目標和執行結果進行檢討，作為修正計畫的依據。

一個SWOT的例子

下表是作者以前任職某國營企業工程部門在推動**知識管理**（knowledge management, KM）簡報中，對工程部門之 SWOT 分析的一部分：

S	1. 資深員工經驗豐富 2. 新進工程師均為工程博碩士，理論背景強 3. 新進工程師之 IT 能力強且對 Auto CAD 等均很熟稔	W	1. 新舊員工有代溝、溝通不良 2. 電機人才缺乏 3. 員工對工程成本分析及工程管理知識貧乏
O	1. 可協助各事業部將原本外包之部分工程設計收回自辦 2. 可對外開授工程訓練班	T	1. 新進員工流動性大 2. 技術人力斷層，進用限制多，造成現場技工青黃不接

✚ 本節關鍵字

1. operations strategy
2. mission
3. mission statement
4. goal
5. business strategy
6. generic competitive strategies
7. core competency
8. SWOT
9. environmental scanning
10. knowledge management (KM)

2.5　平衡計分卡——將策略化成行動

　　根據國外統計，企業策略能真正被執行的比率不到 10%；了解企業策略意涵的員工不超過 5%；而多達 85% 的管理團隊每月討論策略的時間不到 1 小時。如果企業的成員無法清楚認知組織的策略是什麼，策略自然流於紙上談兵。再加上大部分企業都以業績目標或營收、**投資報酬率**（rate of investment, ROI）之類的財務數字來衡量績效，但這些都只是「過去的績效」，是「落後指標」，無法為企業未來的績效有引領的作用，因此亟需找出一個「領先指標」和將策略化成行動的管理工具。

平衡計分卡淺介

　　Robert Kaplan 與 David Norton 於 1990 年發展出**平衡計分卡**（balanced scorecard），它是整合了財務、顧客、內部流程、學習與成長 4 個**構面**（perspective）的一個由上而下的管理系統。就字面言，平衡計分卡的「平衡」平衡了：財務和非財務的績效、內部（員工）與外部（顧客、股東）的績效、過去和未來的績效，而計分卡則是記錄組織各種營運績效。因此平衡計分卡的功能是將企業策略轉化成績效指標，以衡量策略的執行情況。

　　平衡計分卡以**策略地圖**（strategy map）來表現企業不同決策間的邏輯關係，除財務衡量（落後指標）外，還要找出「**績效驅動因素**」（performance driver），好讓績效衡量能與策略密切結合，並建立與策略連結的**關鍵績效指標**（key performance indicator, KPI），設定目標值，透過預算與獎酬制度，定期回饋以了解企業達成策略目標之程度，以及現行之策略是否正確、可行。

平衡計分卡評價與應注意事項

　　平衡計分卡雖然不能為企業創造策略，但在建立的過程中，可釐清每個區塊和競爭者不同之處，並可催促成員為長期的目標共同努力，而有利於企業有效執行策略。平衡計分卡有一些不足之處，例如它在供應商和政府管制，以及社群、環境及永續性議題缺乏著墨。

　　Kaplan 與 Norton 之 *The Balanced Scorecard: translating strategy into action*（朱道凱翻譯，書名：《平衡計分卡》。臉譜出版社，1999 年），有志研究平衡計分卡的讀友必須研讀本書。

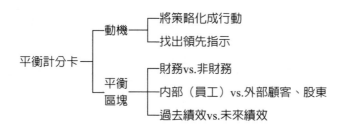

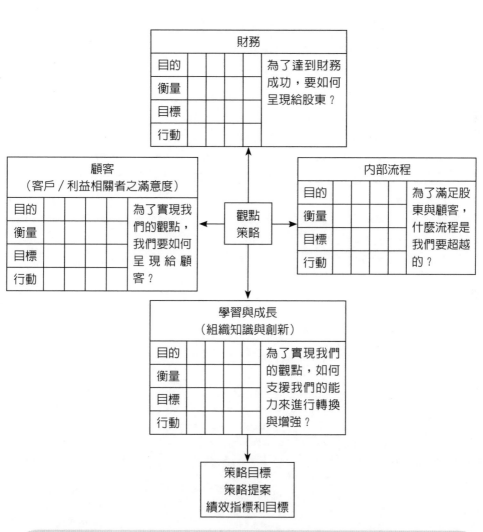

第3章
預測

3.1　導論

預測是什麼？

　　預測（forecast）是對未來事件所做的陳述，這種陳述可能是用數值（量性）來表現，也可能是用文句（質性）敘述，基本上都是用過去經營的成果或經驗投影到未來。預測有兩個重點，一是預測水準，一是預測的**精確度**（precision）。這些我們會在本章中陸續介紹。

企業的預測活動

　　企業都會關切未來產品或服務的市場需求，因此各部門都會對其業務發展進行預測。如行銷部門的銷售預測、生產部門的產能預測、財務部門的財務預測、**研究發展**（R&D）部門的**技藝預測**（technology forecast）等，其中以銷售預測與技藝預測對作業部門最為重要，因為銷售預測能提供產品或服務的未來需求水準是作業規劃的重要依據，而技藝預測所描述的技術或產品走向可供作業部門在設備購置、**產品組合**（product mix）等之參考。

預測的特質

　　由預測的意義可知，它有下列的特質：
- 各種預測方法都是假設未來會和過去成果間有某種**因果關係**（causal relationship）。
- 預測結果與實際值間一定有**預測誤差**（forecast error 或 predicate error）。
- 整體項目間的預測誤差會互相抵銷，因此整體預測的結果會比個別預測值加總所得之整體預測來得精確。
- 預測的**時間幅度**（time horizon）越長，精確度越小，因此短期預測的精確度應較中、長期預測來得好。

優良預測的要素

　　一個優良的預測應有以下的條件：
- 預測的時間幅度必須涵蓋所有變動所需的時間。
- 預測結果要力求精確，尤其是短期預測。
- 預測方法應有相當的可靠性，不可同一預測模式出來的結果好壞互見。
- 預測的計量單位必須要有意義，並且必須符合使用者的需要。
- 預測必須書面化以做為評估預測的客觀依據。
- 預測方法必須易於了解及便於使用。
- 預測須符合成本效益。

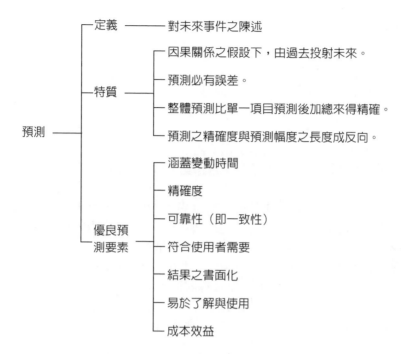

```
        ┌─ 定義 ──── 對未來事件之陳述
        │
        │           ┌─ 因果關係之假設下,由過去投射未來。
        │           │
        │           ├─ 預測必有誤差。
        │           │
        ├─ 特質 ────┤─ 整體預測比單一項目預測後加總來得精確。
        │           │
預測 ───┤           └─ 預測之精確度與預測幅度之長度成反向。
        │
        │           ┌─ 涵蓋變動時間
        │           │
        │           ├─ 精確度
        │           │
        │           ├─ 可靠性(即一致性)
        ├─ 優良預 ──┤
        │  測要素    ├─ 符合使用者需要
        │           │
        │           ├─ 結果之書面化
        │           │
        │           ├─ 易於了解與使用
        │           │
        │           └─ 成本效益
```

下圖生動地描述預測失準之情境:

預測的步驟

預測進行大致有以下步驟：

1. 確定預測的目的：預測幅度與預測方法會因預測之目的而有所不同。例如，當我們要進行技藝預測時，主管意見法是一個比較好的選項。新產品上市時可能用趨勢線做長期預測。如果要預測下季的銷售量我們會用**時間序列預測**（time series forecast）。

2. 預測的時間幅度：預測時必須確定預測幅度，如前所述，預測幅度越長精確度越低。一般而言，長期預測應注意**趨勢**（trend）而短期預測的精確度要求高。

3. 蒐集、整理和分析資料：預測前必須蒐集大量資料，首先需注意到資料的正確性，我們可採隨手繪或用套裝軟體得出數據的**散布圖**（scatter diagram），由散布圖可看出歷史數據分布的**型態**（pattern），從而可以決定適當的**擬合曲線**（fitting curves），此外，從散布圖亦可看出是否有**特異值**（outlier），遇有特異值通常會探討原因以決定是否要剔除掉。

4. 選擇預測方法。預測方法可分**判斷預測法**（judgment forecast）、**關聯性預測**（associative forecast）與**時間序列預測法**（time series forecast）三種。我們將在下面幾節對其中較常見的預測方法做一介紹。

5. 執行預測

6. 檢視並追蹤預測：預測誤差是否在合理範圍內是很重要的，否則要有改善行動。預測結果若無法令人滿意時就要檢討方法、假設、數據是否有效，等修正後再行預測。

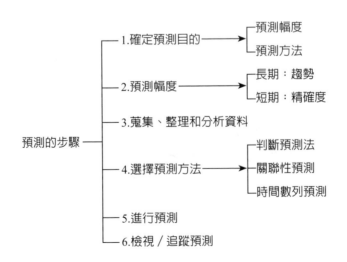

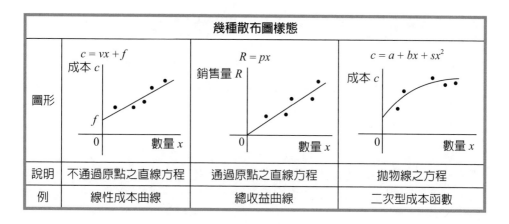

圖形	$c = vx + f$ 成本 c	$R = px$ 銷售量 R	$c = a + bx + sx^2$ 成本 c
說明	不通過原點之直線方程	通過原點之直線方程	拋物線之方程
例	線性成本曲線	總收益曲線	二次型成本函數

幾種散布圖樣態

特異值之樣態

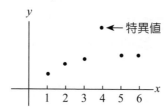

+ 本節關鍵字

1. forecast
2. precision
3. technology forecast
4. product mix
5. causal relationship
6. predicate error
7. forecast error
8. time horizon
9. time series

10. trend
11. scatter diagram
12. pattern
13. fitting curve
14. outlier
15. judgement forecast
16. associative forecast
17. time series forecast

3.2 預測方法（一）：判斷預測

　　預測方法一般分為判斷預測法、關聯性預測與時間序列預測法三種。判斷預測法屬**定性方法**（qualitative method），關聯性預測法與時間序列預測法則屬**定量方法**（quantitative method）。

判斷預測法

　　判斷預測法是利用專家、主管、推銷員甚至顧客的意見或判斷的一種預測方法，這在急切需要預測結果、沒有歷史數據、政治經濟情況變化幅度很大，或者對預測標的只需要大致的趨勢時，這是一個好的選擇。常見之判斷預測法有：

1. 消費者調查法：用**問卷**（questionaire）以抽樣方式直接從消費者（包括潛在消費者）身上獲得資訊。調查員需有足夠的知識與技巧才能進行調查，尤其是面對面之訪談。用郵電方式進行調查之回覆率通常很低，調查後對所得資訊之效性及做出有意義的結論並不是容易的事，一旦判讀錯誤所付之代價很高。

2. 主管意見法：召集高階主管或專家顧問共同參與預測。新產品開發時，主管意見法是一個很適當的預測方式。但實作時常會因少數主管強勢主導而無法綜合出一個好的預測。

3. 推銷員意見法：推銷員是企業最接近顧客的一群人，理應是最了解消費趨勢，因此推銷員的意見當然是個很重要的來源。但推銷員意見法最大的缺點是易受推銷員個人最近銷售經驗的影響而發生誤導。

4. 德菲法：**德菲法**（Delphi method）是由主辦單位以匿名通信的方式用問卷方式反覆地交由受答者獨立地回答，若作答差距過大，主辦單位會將比較集中的意見提供作答者參考並請他們重新作答，直到主辦單位認為達到或接近到一致結論為止。德菲法亦常用在技藝預測上。

例題　「用餐滿意度調查表」之問卷例

××咖啡簡餐廳
用餐滿意度調查表

謝謝您光臨本餐廳，為使我們能以提供更佳的服務來回饋貴賓，煩請您
（妳）撥冗惠填本調查表：

	非常滿意	滿意	普通	不滿意	非常不滿意
1. 用餐環境	＿＿＿＿	＿＿＿＿	＿＿＿＿	＿＿＿＿	＿＿＿＿
2. 服務態度	＿＿＿＿	＿＿＿＿	＿＿＿＿	＿＿＿＿	＿＿＿＿
3. 送菜速度	＿＿＿＿	＿＿＿＿	＿＿＿＿	＿＿＿＿	＿＿＿＿
4. 餐點	＿＿＿＿	＿＿＿＿	＿＿＿＿	＿＿＿＿	＿＿＿＿
5. 價位	＿＿＿＿	＿＿＿＿	＿＿＿＿	＿＿＿＿	＿＿＿＿

您（妳）對今天餐點的滿意

6. 沙拉	＿＿＿＿	＿＿＿＿	＿＿＿＿	＿＿＿＿	＿＿＿＿
7. 湯品	＿＿＿＿	＿＿＿＿	＿＿＿＿	＿＿＿＿	＿＿＿＿
8. 主餐	＿＿＿＿	＿＿＿＿	＿＿＿＿	＿＿＿＿	＿＿＿＿
9. 甜品	＿＿＿＿	＿＿＿＿	＿＿＿＿	＿＿＿＿	＿＿＿＿

您（妳）的建議＿＿＿＿＿＿＿＿＿＿＿＿＿＿＿＿＿＿＿＿＿＿＿＿＿＿＿

為了使我們能提供更好的服務，請讓我們更了解您：

10. 請問這是您（妳）第幾次造訪本餐廳？
　　□第一次　□第二次　□三至五次　□經常

答第一次者請續答第 11 題

11. 您（妳）是如何得知本餐廳？
　　□廣告 DM　□網路　□別人介紹　□路過　□其他（請說明）

12. 您（妳）今天用餐是因為
　　□單純用餐　□朋友聚餐　□生日聚餐　□商務聚餐
　　□其他（請說明）

個人資訊

13. 姓名（匿名）　　男□　女□　生日：＿＿年＿＿月＿＿日

14. 您（妳）是否願收到餐廳最新活動或優惠消息？□是　□否

15. 第 14 題答是的貴賓請填寫聯絡方式
　　□與本餐廳加 LINE　□ email／手機＿＿＿＿＿＿＿＿＿＿

感謝您（妳）耐心的填寫，我們竭誠地期待您（妳）的再次光臨，煩請將
本調查表交給櫃台服務人員，領取下次三人行一人免費的優惠券乙張。

3.3 預測方法（二）：時間序列法

時間序列法

時間序列是針對特定的標的（如：營業額、不良率等），根據每隔一定時間依序取得的觀測值去估計未來的結果。傳統的統計時間序列法是將時間序列分解成**長期趨勢**（trend）、**循環**（cycle）、**季節性**（seasonality）、**不規則變動**（irregular variation）與**隨機變異**（random variations）。有興趣的讀者可參閱商用統計學。在此介紹基本的時間序列法有：**天真預測法**（naive forecast method）、**移動平均法**（moving average method）、**加權平均法**（weighted average method）與**簡單指數平滑法**（simple exponential smooth method）。要注意的是這些方法都以過去需求發生的時間序列為基礎，因此，在缺貨時銷售量並不能反映實際需求就是一個例子。

天真預測法

天真預測法主要是用在相對平穩的序列，它是把上期的發生值當作本期的預測值，例如：上週預測銷售量為 50 個單位，那麼本週的預測亦為 50 個單位。去年冬季銷售量為 100 個單位，那麼今年冬季銷售量亦為 100 個單位。

移動平均法

n 期移動平均法是利用近 n 期的實際數據的平均數作為預測值。

---

n期移動平均法

$$F_t = MA_n = \frac{1}{n}(A_{t-n} + A_{t-(n-1)} + \cdots + A_{t-2} + A_{t-1})$$

其中：F_t = 第 t 期預測
　　　MA_n = n 期之移動平均
　　　A_{t-i} = 第 t − i 期之實際值

加權平均法

加權平均法與移動平均法相似，只不過愈近期的數據賦予愈大的權數，權數的總和為 1。

加權平均法

$$F_t = W_t(A_t) + W_{t-1}(A_{t-1}) + \cdots + W_{t-n}(A_{t-n})，W_t = 第 t 期權重，A_t = 第 t 期之實際值$$

例題 **1.** 給定 5 期之客訴數

期列	1	2	3	4	5
客訴數	10	8	5	3	4

試以 (1) 天真預測法。(2)3 期移動平均。(3)4 期移動平均。(4) 第 3、4、5 期之權數 0.2、0.3、0.5 預測第 6 期之客訴數

解　(1) 因第 5 期之實際值為 4，所以以天真預測法得第 6 期客訴數為 4

(2) $MA_3 = \dfrac{5+3+4}{3} = 4$

(3) $MA_4 = \dfrac{8+5+3+4}{4} = 5$

(4) $F_6 = 0.2 \times 5 + 0.3 \times 3 + 0.5 \times 4 = 3.9$

指數平滑法

指數平滑法本質上是一個加權平均法，它的想法是：新的預測值是以上期的實際值再加上上一期實際值與預測值差的某個百分比（α）而得。指數平滑法的計算公式為：

指數平滑法

$$F_t = F_{t-1} + \alpha(A_{t-1} - F_{t-1}) = (1-\alpha)F_{t-1} + \alpha A_{t-1}$$

其中：F_t = 第 t 期的預測值

　　　F_{t-1} = 第 t − 1 期的預測值

　　　α = 平滑常數

　　　A_{t-1} = 第 t − 1 期的實際值

平滑常數 α 通常是預測者之主觀判斷或經由試誤法決定的，一般多取 0.05-0.5 間，平均值穩定時我們會取較小的 α，反之則取較大的 α。預測誤差很大時，電腦套裝軟體會自動調整平滑常數。α = 1 時指數平滑法就變成天真預測法。指數平滑法還有許多形式，如趨勢調整指數平滑法（trend-adjusted exponential smoothing）等。

例題 **2.** 用指數平滑法，令 α = 0.1、0.4 分別求各期之預測值，若我們以第一期之實際值當做第二期之預測值。

(1)試平滑各期之預測值。(2) 求第 6 期之預測值。

		預測值	
期別	實際值	0.1	0.4
1	10		
2	12		
3	11		
4	9		
5	12		

解　(1)

		預測值	
期別	實際值	α = 0.1	0.4
1	10	—	
2	12	10	10
3	11	10×0.9 + 12×0.1 = 10.2	10×0.6 + 12×0.4 = 10.8
4	9	10.2×0.9 + 11×0.1 = 10.28	10.8×0.6 + 11×0.4 = 10.88
5	12	10.28×0.9 + 9×0.1 = 10.15	10.88×0.6 + 9×0.4 = 10.13

(2) $\alpha = 0.1$ 時　$F_6 = 10.15 \times 0.9 + 12 \times 0.1 = 10.34$

　　$\alpha = 0.4$ 時　$F_6 = 10.13 \times 0.6 + 12 \times 0.4 = 10.88$

趨勢分析

趨勢分析裡最有名的就是**趨勢線**（trend line），以最簡單的線性趨勢方程式 $F_t = a + bt$ 為例：

直線趨勢線 $F_t = a + bt$ 之參數 a, b 的估計：

$$b = \frac{n\Sigma ty - \Sigma t \Sigma y}{n \Sigma t^2 - (\Sigma t)^2}$$

F_t = 第 t 期的預測值

t 為從 t = 0 後預測的期數

$$a = \frac{1}{n}(\Sigma y - b \Sigma t)$$

直線趨勢線在應用時通常會令某年為 t = 1，則次年 t = 2…，若 n 個年，n 為奇數時常令中間那年之 t = 0，則前一年 t = −1，次一年 t = 1…。

例題 **3.**　某公司自 2014 年一月一日起營運來 5 年之營業額如下：

年	2014	2015	2016	2017	2018	單位：億新臺幣
金額	15	18	16	17	14	

試預測 2019 年、2020 年之營業額。

解 令 2014 年令 t = 1，2015 年 t = 2…，2018 年 t = 5

t	y	ty	t^2
1	15	15	1
2	18	36	4
3	16	48	9
4	17	68	16
5	14	70	25
15	80	237	55

$$\therefore b = \frac{n\Sigma ty - \Sigma t\Sigma y}{n\Sigma t^2 - (\Sigma t)^2}$$

$$= \frac{5 \times 237 - 15 \times 80}{5 \times 55 - 15^2} = -0.3$$

$$a = \frac{1}{n}(\Sigma y - b\Sigma t)$$

$$= \frac{1}{5}(80 - (-0.3)\,15) = 16.9$$

即 $F_t = 16.9 - 0.3t$

2019 年對應 t = 6 　 $\therefore F_6 = 16.9 - 0.3 \times 6 = 15.1$（億元）
2020 年對應 t = 7 　 $\therefore F_7 = 16.9 - 0.3 \times 7 = 14.8$（億元）
若例題 3 取 2016 年 t = 0，即 2014 年 t = -2，2015 年 t = -1，
2017 年 t = 1，2018 年 t = 2 則

t	y	ty	t^2
-2	15	-30	4
-1	18	-18	1
0	16	0	0
1	17	17	1
2	14	28	4
0	80	-3	10

$$\therefore b = \frac{n\Sigma ty - \Sigma t\Sigma y}{n\Sigma t^2 - (\Sigma t)^2}$$

$$= \frac{5 \times (-3)}{5 \times 10} = -0.3$$

$$a = \frac{1}{n}(\Sigma y - b\Sigma t) = \frac{1}{5} \cdot 80 = 16$$

即 $F_t = 16.0 - 0.3t$，2019 年對應 t = 3 　 $\therefore F_6 = 15.1$（億元）
2020 年對應 t = 4 　 $\therefore F_7 = 16 - 0.3 \times 4 = 14.8$（億元）

✚ 本節關鍵字

1. qualitative method
2. quantitative method
3. Delphi method
4. cycle
5. seasonality
6. irregular variation
7. random variations

8. naive forecast method
9. moving average method
10. simple exponential smooth method
11. trend-adjusted exponential smoothing
12. trend line

3.4　預測方法（三）：因果關係法

最小平方直線

迴歸方程式（regsession equation）是應用**最小平方法**（least square method）去求一條直線或曲線，使得所有資料點到此直線或曲線之距離平方和為最小，根據這個想法，我們透過微分或偏微分即可得到所要的迴歸方程式。

簡單直線方程式之參數估計

1. 過原點之簡單直線迴歸方程式 $y = bx$

   $$\hat{b} = \frac{\Sigma xy}{\Sigma x^2}$$

2. 不過原點之簡單直線迴歸方程式 $y = a + bx$

   $$\hat{b} = \frac{n\Sigma xy - \Sigma x \Sigma y}{n\Sigma x^2 - (\Sigma x)^2} , \hat{a} = \frac{\Sigma y}{n} - \hat{b}\frac{\Sigma x}{n} = \bar{y} - \hat{b}\bar{x}$$

例題 1.　下列資料是公司近 5 年之收入與銷售量之關係，可用 $R = px$ 表示，

價格	1	2	3	4	5
收入	6	5	4	5	8

R 為收入，x 為價格，試 (1) 建立 $R = px$ 之迴歸方程式。(2) 若 $x = 6$ 時銷售量之預測值。(3) 若有人稱：收入為 16 時價格為 10 是否適當？

解　(1)

x	R	xR	x^2
1	6	6	1
2	5	10	4
3	4	12	9
4	5	20	16
5	8	40	25
小計	15	28	88	55

$$p = \frac{\sum\limits_{i=1}^{n} R_i x_i}{\sum\limits_{i=1}^{n} x_i^2} = \frac{88}{55} = 1.6$$

$\therefore R = 1.6x$ 是為所求

(2) $R = 1.6x \big|_{x=6} = 9.6$

(3) 不適當，$R = px$ 這個迴歸方程式是由價格 x 來預測收入 R，它是 x = 6 時之 R 之條件期望值。

例題 2. 下列資料若可用 $y = a + bx$ 來擬合，(1) 求出本題之迴歸方程式。(2) 求 x = 8 時之預測值 y = ？

x	4	2	3	5	7
y	8	5	7	9	12

解 (1)

x	y	x^2	xy
4	8	16	32
2	5	4	10
3	7	9	21
5	9	25	45
7	12	49	84
21	41	103	192

$\therefore a = \dfrac{103 \times 41 - 21 \times 192}{5 \times 103 - (21)^2} = 2.58$

$b = \dfrac{5 \times 192 - 21 \times 41}{5 \times 103 - (21)^2} = 1.34$

即 $y = 2.58 + 1.34x$

(2) $y = 2.58 + 1.34x \big|_{x=8} = 13.3$

$\therefore$ x = 8 時預測值 y = 13.3。

+ 本節關鍵字

1. regsession equation
2. least square method

3.5 預測的檢視

前已說過預測都會有預測誤差，它的原因有：
- 預測時漏掉了重要的變數。
- 有新的變數、趨勢或循環。
- 突然發生的不規則變異。
- 誤用預測技術或錯誤地解釋預測結果。
- 資料中有隨機變異。

評估預測精準度的常用指標

企業預測講究的是精確度，而精確度是建立在誤差上。在 t 時實際值 A_t 與預測 F_t 之誤差 e_t 定義爲 $e_t = A_t - F_t$，由此可發展出一些評估預測精準度的公式：

1. 平均絕對偏差（mean absolute deviation, MAD）

$$MAD = \frac{\Sigma|e_n|}{n} = \frac{\Sigma|A_t - F_t|}{n}$$

MAD 的優點是易於計算。

2. 均方誤差（mean squared error, MSE）

$$MSE = \frac{\Sigma e_t^2}{n-1} = \frac{\Sigma(A_t - F_t)^2}{n-1}$$

MSE 顯然較 MAD 爲大。

3. 平均絕對百分誤差（mean absolute percent error, MAPE）

$$MAPE = \frac{\Sigma|e_t|/A_t}{n} = \frac{\Sigma|A_t - F_t|/A_t}{n} \times 100\%$$

MAPE 是以相對的觀點來衡量誤差，通常是用百分率表現。

預測控制

預測的控制主要是追蹤預測誤差並藉此檢查所做的預測是否適當。預測的控制方法有兩種，一是**追蹤訊號**（tracking signal, TS），一是**管制圖**（control chart）：

1. 追蹤訊號

第 t 期之追蹤信號（TS_t）為

$$TS_t = \frac{\Sigma(A_t - F_t)}{MAD_t}$$

其中：$MAD_t = \frac{\Sigma|A_t - F_t|}{n}$

　　上式中 e_t 為第 t 期預測誤差，MAD_t 為截至第 t 期之平均絕對偏差。TS 可正可負，但以 0 為理想，若超過 ±5 則表示預測有偏差需予校正，但預測者亦可先界定 TS 之範圍，若有更精確的預測需求時可將 TS 定的窄些。

2. 管制圖

　　一般而言，追蹤信號之缺點是追蹤信號是使用累積誤差，可能會掩蓋個別誤差，尤其較大的誤差之正負誤差可能會互相抵銷。

　　但在管制圖上，每個誤差均受到檢視，這是管制圖最大的優點，在電腦發達的今日，追蹤信號已較少用了。

　　管制圖有一基本假設：誤差 e_i 是服從常態分配之隨機變數，它的中心線為 0，上下兩條線分別為**管制上限**（upper control limit, UCL）與**管制下限**（lower control limit, LCL），將誤差繪在圖上，其中：

管制上限 $= 0 + z\sqrt{MSE}$　　　z 為顯著水準 α 對應常態分配值。

管制下限 $= 0 - z\sqrt{MSE}$　　　（常態分配值可查附錄）

　　若

(1) 所有誤差點均落在管制界限內（亦即可接受誤差的範圍）

(2) 所有誤差點沒有**趨勢**、**循環**等關係。

　　則稱預測誤差**在管制內**（in control）。對有趨勢、循環等現象時通常會從製程參數著手。

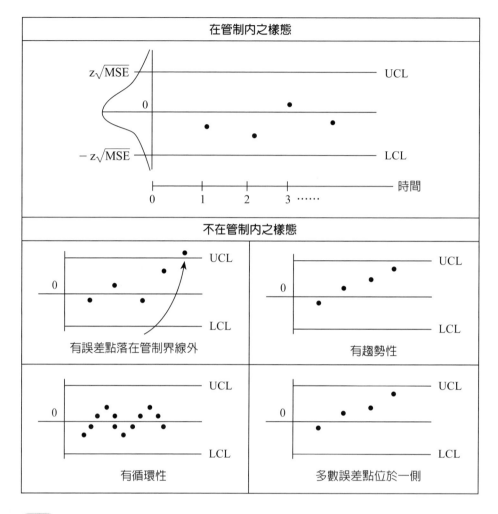

	實際值	預測	
		I	II
1	6	7	8
2	11	9	10
3	8	9	8
4	7	8	6
5	12	10	9
6	10	9	10

(1) 分別求出方法 I、II 之 MAD 並說明何者預測能力較強
(2) 求方法 I、II 在第 6 期之追蹤信號 TS

解 (1)

	實際值	I	e	|e|	II	e	|e|
1	6	7	−1	1	8	−2	2
2	11	9	2	2	10	1	1
3	8	9	−1	1	8	0	0
4	7	8	−1	1	6	1	1
5	12	10	2	2	9	3	3
6	10	9	1	1	10	0	0
			2	8		3	7

$$\text{MAD}_\text{I} = \frac{\Sigma|e|}{6} = \frac{8}{6} = 1.33$$

$$\text{MAD}_\text{II} = \frac{\Sigma|e|}{6} = \frac{7}{6} = 1.17$$

∵ $\text{MAD}_\text{I} < \text{MAD}_\text{II}$

∴第 II 種預測能力比較強。

(2) 方法 I：$\text{TS}_6 = \frac{\Sigma(e_t)}{\text{MAD}_6} = \frac{2}{1.33} = 1.50$

方法 II：$\text{TS}_6 = \frac{\Sigma(e_t)}{\text{MAD}_6} = \frac{3}{1.17} = 2.56$

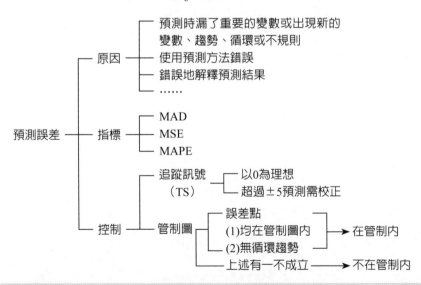

+ 本節關鍵字

1. mean absolute deviation (MAD)
2. mean squared error (MSE)
3. mean absolute percent error (MAPE)
4. tracking signal (TS)
5. control chart
6. upper control limit (UCL)
7. lower control limit (LCL)
8. in control

第4章
產品與服務設計

4.1　產品與服務設計

本節將對產品與服務重設計之原因、重要性及其關鍵問題進行初步探討。

產品與服務設計之原因

企業在許多情形下都會進行產品與服務設計，例如：

- 市場上出現新的產品或服務、現有的產品或服務之成本過高或者時尚產品或服務**過時**（phase-out）等原因，使得原本之產品或服務失去市場性。
- 因人口結構的變遷或流行趨勢使得企業必須調整現有產品或服務以適應市場的需求。例如，原先專做嬰兒紙尿片的廠商因為少子化與人口結構老化而必須撥出一部分生產線生產銀髮族用的紙尿片。
- 從法令規章角度來看：為因應政府、產品輸入國的法律規章或**國際標準**（code）必須將產品或服務重新設計。
- 技術的考量：新的製程或新的零組件、原物料出現，會使企業考慮改變現行的設計。

設計對產品與服務之重要性

我們從作業部門（即製造）、產品與服務品質、消費者的角度來看設計對產品與服務重要性：

- 從作業部門的角度來看：產品設計直接影響到產品的產製活動，以及其日後的競爭力。設計必須滿足**可製性**（manufacturability），因為設計結果如果無法付諸量產，那設計就流於構想而已。服務業來說最重要的是在可接受的成本下，企業之**可服務的能力**（service ability）。
- 從產品與服務品質角度來看：設計上之任何瑕疵會在不同的生產環節裡逐漸放大，因此設計決定了產品或服務之品質以及未來市場之競爭力。
- 從消費者角度來看：新產品或服務在設計階段就要將**消費者心聲**（voice of customer, VOC）納入設計，否則產品未來市場接受的程度低。

產品與服務設計的關鍵問題

從企業的角度，產品與服務設計的關鍵問題有：

1. 新產品或服務之目標市場及預期需求水準。
2. 新產品或服務之潛在市場規模及預期需求為何？從而估算出成本、利潤水準。
3. 新產品或服務之可行性如何？可從下列問題判斷之：
   - 企業的知識、技術、設備、產能與供應鏈能配合的程度？
   - 若屬產品則其可製性如何？
   - 若屬服務則其可服務性如何？

- 是否因技術、產能等因素必須外包？外包的程度爲何？
3. 品質方面，產品或服務之品質應考慮之面向有：
  - 顧客期望的品質水準。
  - 競爭者相似產品或服務之品質水準。
  - 我們目前相似產品或服務之品質水準。
4. 永續性：隨著人們對產品的安全與環保意識日漸高漲，國家法規與國際標準嚴厲的要求下，逼使企業不得不變更原先之製程、原料等，進而重新進行產品設計，碳排放規定就是其一。這種**永續性**（sustainability）議題隨著科技發展也越受企業與消費者、政府等之重視甚至列爲當今企業的經營使命之一。

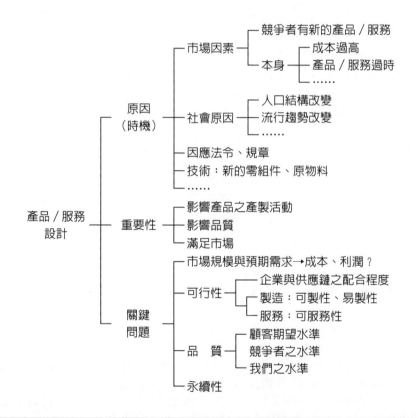

4.2 產品生命週期

產品生命週期下作業管理的策略

如同人類一生由受孕、嬰兒期、青年期、中壯年期、到老年期，相應於產品或服務就是**產品生命週期**（product life cycle, PLC）。PLC 可分為規劃、導入、成長、成熟與衰退等五個階段。我們從作業的角度來看各階段作業部門的應對策略。

1. **規劃期**（planning）：在規劃期間，企業要整合設計、作業、行銷等部門以進行產品或服務規劃，像**同步工程**（concurrent engineering）、**反向工程**（reverse engineering）都是製造業常用的手段。

2. **導入期**（introduction）：新產品或服務步入市場之初期，多少會有一些瑕疵，作業部門經常要處理客訴、**保固**（guarantee 或 warranty）等問題，因此企業在新產品或服務導入市場前要對品質與上市時間之問題做一斟酌。

3. **成長期**（growth）：產品或服務到了成長期，可靠度增加、成本亦會降低，銷售量持續成長。市場已出現競爭者，作業部門便要將產品或服務進行改善以為因應，同時企業會對未來需求及這波需求成長會持續多久進行評估。

4. **成熟期**（maturity）：產品或服務到了成熟期，成本降低產量增加，市場需求趨於平穩，企業會估計市場達到飽和前還有多長的一段時間以及何時要步入衰退期。這階段通常不需多做產品或服務改善。

5. **衰退期**（decline）：產品或服務到了衰退期，市場會出現新的替代產品或服務，這時企業會改善製程或開發新的替代性產品或服務。同時企業會對現有產品或服務的**市場佔有率**（market share）、成本、銷售量等因素做一綜合考量後採取以下策略：

   - **維持現狀**（maintain）：企業不再投入任何資源，只求儘快收回成本。
   - **竭澤而漁**（harvest）：企業全面降低成本，以賺取短期利潤或使損失降至最低。
   - **壯士斷腕**（drop）：產品或服務全面退出市場或賣到其他企業。

不是每個產品或服務都有 PLC（如鉛筆、碗筷等），也不必然都會歷經這五個階段，有許多新產品或服務一上市不久即告夭折，有些產品或服務在某個階段可能有其他階段的特徵，也可能跳過某些階段。同樣的產品或服務在不同的市場即便在同一時期亦可能處在 PLC 不同的階段，行銷經理通常會對自身產品或服務處在那個階段而採取適當決策的能力。

伴隨於產品的附加服務與 PLC 有關，不同階段的產品可能會搭配不同的服務，當產品退出市場後這些服務自然也因而消失。

同步工程

我們剛提到同步工程與反向工程二個名詞，除反向工程將在 4.4 節介紹外，在此要談同步工程。

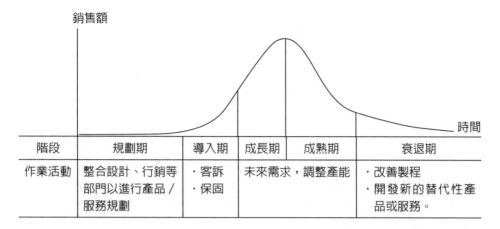

階段	規劃期	導入期	成長期	成熟期	衰退期
作業活動	整合設計、行銷等部門以進行產品／服務規劃	・客訴 ・保固	未來需求，調整產能		・改善製程 ・開發新的替代性產品或服務。

　　傳統上，製造業之工程設計只有設計部門單一部門執行，直到設計完成後將成果交予製造部門執行，這項作業又稱隔牆（over-the-wall）式的作業。因爲沒有製造部門參與，因此設計時可能忽略製造部門之製造能力、產能、供應商是否能能配合等問題，製造中**設計變更**（design change）當然也就層出不窮。對製造部門而言，產製過程中之設計變更是一件痛苦的事。

　　同步工程是在新產品成案一開始就將設計、施工、行銷，甚至供應商、顧客都整合到設計團隊，因此同步工程有以下的優點：

• 製造部門從設計階段就開始介入，因此設計時就考慮到技術的可行性，設計上自然可滿足各階段加工的要求，如此可減少製造期間設計變更之次數，以及設計與製造部門間的衝突，這些都有助於縮短前置時間。

• 設計階段就把經銷商、顧客的觀點納入設計，因此設計的結果可滿足顧客的需求。

　　同步工程也有其困難，例如：設計與製造、行銷部門長期隔閡且製造，行銷部門各有其立場，使得溝通、合作並非易事。

✚ 本節關鍵字

1. product life cycle (PLC)	9. maturity
2. planning	10. decline
3. concurrent engineering	11. market share
4. reverse engineering	12. maintain
5. introduction	13. harvest
6. guarantee	14. drop
7. warranty	15. over-the-wall
8. growth	16. design change

4.3 企業技術之來源

技術是決定企業競爭力很重要的因素。技術的來源是很多元的，除研究發展（R&D）外，企業還可透過商業途徑取得。

企業的R&D活動

R&D 大致可分：

1. **基礎研究**（basic research）：以提升科學知識爲目的，大學或學術研究機構所進行的研究多屬之。
2. **應用研究**（applied research）：以促進商業利益爲目的的研究。
3. **發展研究**（developed research）：將研究的成果轉換到商業應用的研究。

企業以營利爲目的，它的 R&D 必須和作業、行銷緊密結合在一起，不能脫節，因此企業 R&D 應緊扣產品技術與製程技術兩大主軸，活動內容包括新產品或服務設計、製程改善、新技術之開發與新材料之引入等。應用研究和發展研究直接攸關企業的競爭力，因此爲企業 R&D 活動的重心。

微笑曲線

宏碁創辦者施振榮先生的微笑曲線指出，研發（專利、技術）與行銷（品牌、服務）是產品附加價值最大的部分。由一支 iPhone，蘋果獲利 55%，鴻海僅 5% 就可見一斑。但是 R&D 費用極高，美國 IBM、惠普每年花費在 R&D 費用達四十億美金以上，即便如此，美國的評論家仍認爲美國企業在 R&D 費用偏低是美國競爭力低落的原因。國際大廠莫不競相投入大量資源在 R&D，唯恐一落後就可能喪失其產品在國際市場之競爭力。

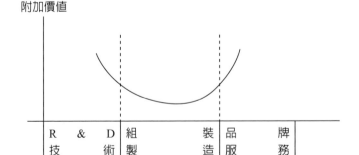

微笑曲線

附加價值		
R & D 技　　術	組　　裝 製　　造	品　　牌 服　　務
ODM	OEM	OBM

ODM = original design manufacturer　自主創新
OEM = original equipment manufacturer　代工生產
OBM = original brand manufacturer　自主品牌

企業取得新技術之其他途徑

R&D 的成果並非立竿見影，且它是一項燒錢的業務，因此外部技術之取得是企業取得新技術的一條捷徑，除**技術授權**（technological licensing）、技術買斷外，還有下列兩條途徑。

- 透過合資來共同產製：**合資**（join venture）是企業進入新的市場或取得新技術、資源的重要途徑。但是合資前，企業必須謹慎地評估合資會不會造成技術流向合資者而危及企業競爭優勢。
- 併購：**併購**（merge）不僅有利於新技術的取得，同時對擴大市場佔有率、企業多樣化經營甚至租稅等都有好處。

反向工程

反向工程（reverse engineering）是一種工程哲學，它可定義為「理解（對手）產品之原始設計意圖和機制的工程手段」。將對手的產品拆解分析是反向工程最常用的手法。在拆解分析的過程中我們不僅可以取得對手產品之材料、工藝技術等資訊，亦可了解競爭對手的技術實力與**工程竅訣**（know-how），以及他們在專利、**智慧財產權**（intellectual property rights）上有無侵權問題。

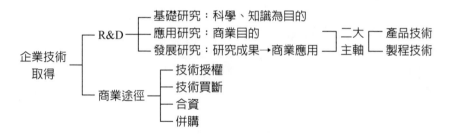

4.4 狩野模型

消費者心聲（VOC）── 反映顧客需求

　　傳統之單純靠**機能設計**（function design）的思維早已不能滿足現今消費者的需求，若設計上缺了消費者需求這個元素，未來產品或服務上市的競爭力就很薄弱，因此消費者心聲（VOC）在新產品與服務設計上絕對是不可或缺的要素。VOC 可能來自顧客的客訴或建議，也可能來自**市場調查**（market survey）等，近來因供應鏈企業夥伴間的互利關係，供應商也成爲重要的來源之一。

　　本章介紹與 VOC 有關的兩個模式 ──**狩野模型**（Kano model）與**品質機能展開**（quality function deployment, QFD）。

狩野模型

　　日本品管大師**狩野紀昭**（Noriaki Kano, 1940-）於 1984 年提出一個與顧客滿意度有關之品質模型 ── 狩野模型。

　　狩野模型由顧客滿意度與產品品質兩個維度所構成，所以它也稱爲**二維品質模型**（two-dimension quality model）。

1. 顧客滿意度：主觀的顧客滿意度。
2. 產品品質：客觀的產品機能。
　　這兩個維度將一個產品的品質劃分四個部分。
1. **無差異品質**（indifference）：顧客對產品這部分的品質無感，也就是這部分的品質對顧客沒差。
2. **魅力品質**（attractive）：這是顧客想不到的品質，它會使顧客有深度的滿足感。魅力品質也稱喜悅的品質，因它有一個 wow 因子，當顧客買到產品觸到這個 wow 因子都會不禁地喊 wow。
3. **一維品質**（one-dimensional）：一維品質是產品中某部分的品質與顧客滿意度呈線性的關係，品質越好顧客滿意度越高。
4. **必要品質**（must-be）：產品一定要有的功能。必要品質不論如何提升都不能突破顧客滿意度之上限，因此這部分品質對顧客滿意度有影響但又不能不做，否則會讓顧客不滿。
　　由狩野模型可知：
- 產品之每一部分對顧客滿意度之重要性未必相同。
- 狩野模型之四種品質會因技術、市場等因素而移動，例如原先之魅力品質會演變成一維品質，而再到必要品質，最後爲無差異品質。
　　因此企業必須掌握不同層別之品質需求，從**認識你的顧客**（know your customer, KYC）不斷堆砌顧客對產品之驚喜並將之轉化爲品牌之滿意度。

狩野模型之圖示

圖示	說明
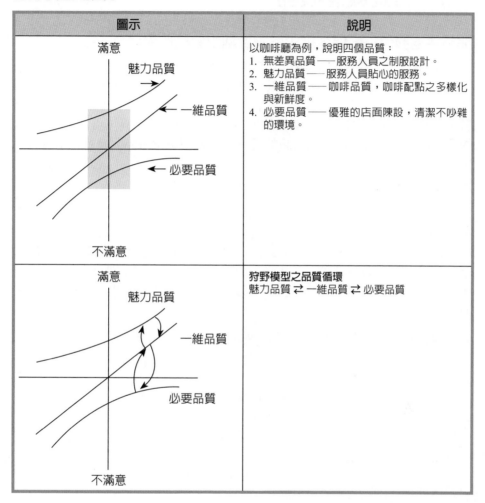	以咖啡廳為例,說明四個品質: 1. 無差異品質——服務人員之制服設計。 2. 魅力品質——服務人員貼心的服務。 3. 一維品質——咖啡品質,咖啡配點之多樣化與新鮮度。 4. 必要品質——優雅的店面陳設,清潔不吵雜的環境。
	狩野模型之品質循環 魅力品質 ⇄ 一維品質 ⇄ 必要品質

+ 本節關鍵字

1. function design
2. market survey
3. Kano model
4. quality function deployment (QFD)
5. two-dimension quality model
6. indifference
7. attactive
8. one-dimensional
9. must-be
10. know your customer (KYC)

4.5 品質機能展開

品質機能展開──顧客需求與設計需求對話的平台

QFD 是日本三菱企業在 1972 年開創的新產品開發方法。赤尾洋二（Yoji Akao, 1928-2016）將 QFD 定義爲「將顧客的需求轉換成代用特性（品質特性）以決定製成品的設計品質，並就各種機能零組件一直到個別零組件的品質或工程要素間之關係做有系統地展開」。由赤尾之定義，可知 QFD 在掌握顧客的需求、防止製程間資訊傳遞漏失以及縮短新產品開發時程都有其實質功能。

QFD的架構

基本上，QFD 是將以顧客需求爲基礎所爲之產品品質特性的重要性。產品之工程特性、自身產品或服務與競爭者所進行系統性的評比等資訊，統合在一個稱爲**品質屋**（house of quality）的屋狀矩陣表格內。簡單地說，QFD 是建立在 what（顧客需求）與 how（技術要求）的一個**矩陣**（matrix）上。因此，QFD 是將顧客需求內化成產品或服務設計要求的工程管理技術。

品質屋結構

1. 顧客需求：利用設計初期的市場調查或使用者訪談等的結果，這是 QFD 最關鍵的部分。
2. 對顧客的重要性：將顧客的需求予以評分。
3. 相關矩陣：研究發展人員對各項技術相互關聯的評估。
4. 技術需求：爲滿足使用者需求所必須具備的技術要求。
5. 關係矩陣：根據顧客需求與技術需求的相互關係賦予權重，相互關係高者權重大，相互關係低者權重小。
6. 重要性加權：歸屬於該技術要求的顧客權重的總和。
7. 目標值：包括產品規格或參數。
8. 競爭力評估：規劃中的產品與現有產品間的評比。

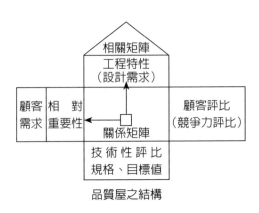

品質屋之結構

一個密閉窗之QFD分析

顧客需求	技術要求 相對重要性	重量	把手設計	玻璃厚度	密合性		操作性		設計性	顧客評比 分數 1 2 3 4 5
容易開關	2	△	◎	△		...	◎	...		X　C　AB
持久耐用	3	◎	○	△						A　C　　X　B
隔阻噪音	4	○		◎	◎				○	A　CX　B
隔熱	3	○		◎	◎					B　A　XC
採光	3			○						X　B　A　C
設計大方	2								◎	B　X　A　C
權數		67	35	90	70		20		40	
目標值		6kg	便於掌握	4cm	≤ 2cm		拉力 ≤0.5kg		美觀大方	
技術性評比　5		X			A				C	
4		AB		A	B				AB	
3		C	B	X	XC		BAC		X	
2			X	B			X			
1			AC	C						

符號

(一)相關矩陣關聯

　　◎強烈之正關係　　○中度之正關係　　✗ 中度之負關係　　✱ 強烈之負關係

(二)顧客評比：

　　X：本公司　A：A公司　B：B公司

(三)關係矩陣

　　◎強關係 = 10，○中等關係 = 5，△弱關係 = 1

✛ 本節關鍵字

1. house of quality　　　　　　　　　　　　2. matrix

4.6 新產品與服務之設計

新產品的型態

新產品（new product）大約可分下列四種情態：

1. **原創產品**（oringinal product）：應用新的材料、設計或有新的功能並開創了全新的市場產品。

2. 舊有產品的改良：以舊有產品為基礎去提升品質、性能或改變外觀等而開創新的產品。

3. 替換性新產品：在舊有產品之基礎上引入新的材料、零組件而開出另一種產品。

4. 新品牌：

   將產品朝下列方向發展

   • 多功能化與合成化：以手機為例，手機不僅是通話的工具，它也有遊戲、個人電腦、新聞等功能。

   • 微型化：將產品短小輕薄化。

   • 簡化：簡化產品結構。

新產品或服務在設計上必須符合企業的目標與經營策略，而品質、成本、進入市場的時間與顧客滿意度等都攸關新產品或服務之成敗。

企業導入新產品或服務，或者改變原有產品或服務的設計時，可能要找新的供應商或配銷商，這些都會引動企業之供應鏈。

新產品設計與發展

新產品設計的過程，大致可分下列幾個階段：

1. 構想產生階段：新產品構想的來源是多元的，例如：消費者或銷售人員的訪談、R&D 部門的研究成果、透過反向工程從競爭對手處獲得產品資訊、法律或國際標準的新規定等等。

2. 可行性分析：為進行**可行性分析**（feasibility analysis），設計部門可能會先提出**概念設計**（conceptual design），以使可行性評估時較為具體。新產品的可行性分析可分製造與管理兩部分：

   (1) 就製造而言，現有之工程技術是否可行？若不可行是否可由其他商業途徑取得？是否有易製性、低製造成本之競爭力**利基**（niche）？產能供應商是否搭配得上？

   (2) 就管理而言，產品之構想是否與企業目標和策略契合？市場的需求如何？銷售通路如何？是否需要財務或行銷部門之協助？

3. 工程分析到細部設計：設計部門會進行工程分析，並對未來的製造成本做

一概算。

4. 擬定產品規格與製程規劃：將潛在顧客的需求內化成產品規格，然後根據產品規格擬定製程規劃。

5. 建立原型：先**試車生產**（pilot production）少量原型產品，以探究設計與製造有無問題。

6. 設計複審：對原型產品進行設計上的複審以決定必要的改進或放棄。

7. 先導測試：在市場上進行先導測試以了解顧客接受的程度。

8. 產品上市：通過上述考驗後就會量產上市。新產品設計與發展至此告一段落，企業接著將會對該產品的生產進行生產規劃、銷售計畫。

服務設計

服務業會根據目標市場顧客的需求與期望去擬定服務策略，然後進行服務設計。顧客的需求是多變的，尤其是需要與顧客接觸的服務，而且服務是不具儲存性，要求供需平衡是很困難的，因此服務設計有兩個考慮因素：

1. 服務需求的變異程度。

2. 服務遞送系統、與顧客接觸程度和顧客參與程度。

若上述因素偏低時，服務愈能標準化，反之就要客製化。

新產品設計與發展

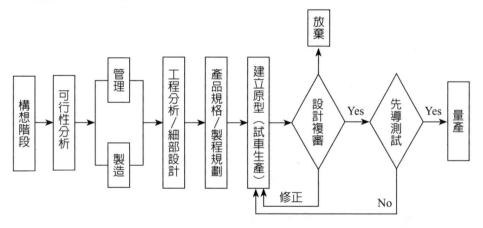

+ **本節關鍵字**

1. new product
2. original product
3. feasibility analysis
4. conceptual design
5. niche
6. pilot production

4.7 產品設計時的其他考量

新產品設計時，還需有一些額外之設計考量，本節就其中之**標準化**（standardization）、**大量客製化**（mass customization）、**模組設計**（module design）、**永續設計**（sustainable design）、**穩健設計**（robust design）與**可靠度**（reliability）做一說明。

標準化

標準化就顧客言，產品或服務的標準化意味著顧客可立即取得產品或服務；就製造業而言，標準化來自**可互換性的零組件**（interchangeable parts）。標準化生產的競爭優勢是來自產品或服務的一致性與低的製造成本。標準化雖可提升生產力，降低成本但也犧牲了產品或服務的多樣化。生產標準化產品的廠商在完成產品設計後往往會慣性地凍結設計活動，因此設計部門就不再會對原先設計主動地進行修正，從而對市場的訊息也就不容易有快速回應。

標準化演進到大量客製化。過去大量客製化是在大量生產的基礎上加以修正以滿足顧客的需求，但現在已演變成一開始就做出符合顧客需求的產品或服務。

因此它除有客製化之優點外還有大量生產的低成本、快速生產與迅速交貨的優點。

模組設計

模組（module）是由數個零組件組合成一個具有特定功能的基本構造單元，我們可以把模組看成一個由數個小零組件組成之一個具有特定功能之大零組件。不同模組的組合可以讓產品產生不同的功能，而開發出不同型號的系列產品。因此模組化生產會讓產品更具多樣性，同時不論在零組件之個數或產品結構都比較少或簡單，因此可收易製性的效果。

模組設計的產品在設計上必須很容易地將模組進行組配或拆解。因此模組設計的關鍵應有模組之標準化、通用化與規格化三個特性，如此才能在安裝的基座上進行組裝。**個人電腦**（personal computer, PC）就是一個例子，因為個人電腦有標準化的匯排流結構，使得不同廠牌的模組都能相容在同一部電腦裡。

模組設計的優缺點

模組設計之產品在零組件數量上比非模組設計之產品為少，因此它在設計有下列優點：

- 設計自動化：工程師可透過**電腦輔助設計**（computer aided design, CAD）

將模組與其他零組件進行各種組合，經由實驗、模擬而得到**最佳設計**（optimal design），因此模組設計爲設計自動化創造有利之條件。

- 便於採購與存貨控制：因爲模組化設計的產品所包含之零組件較非模組化設計的同類產品少，且同一系列的產品會共用相同模組，因此便於採購以及存貨控制。
- 可減少組裝之工時與成本：模組化設計的產品能很容易地將模組進行組裝，因此可減少組裝之工時與成本。因爲設計自動化，便於採購，減少組裝工時，當然也就縮短產品之前置時間。
- 便於檢修：模組化設計的產品在模組故障時只需將整個模組拆換，因此便於檢修。

模組化設計已普遍地應用在製造業，它使大量生產之產品擁有客製化、多樣化等之製造利益。模組設計也有一些缺點，例如：模組化設計的產品中任一模組故障時通常是將整個模組換新，因此它的換修費用可能會較非模組化設計的產品來得高。

永續設計

永續設計是產品設計上的新趨勢。企業採永續設計有成本、環境與環保規範等考量，在設計上都要把持所謂的 3R 原則。

1. **減量**（reduce）：利用**價值分析**（value analysis, VA）的方法檢視產品在設計上是否有過多的功能？在相同的產品功能下，零組件是否還能簡化？
2. **重新使用**（reuse）：這是將舊產品壞的或不堪使用的零組件移除後再組裝成新產品或回收舊產品，重新使用設計的產品須滿足**可拆解設計**（design for disassembly）的要求，因此它是製造業的**重新製造**（remanufacturing）。
3. **資源回收**（recycle）：將舊有產品拆解與零組件回收後再於新產品使用之產品設計，因此資源回收設計也稱爲**配合回收設計**（design for recycling）。

穩健設計

在談穩健設計前，先了解什麼是**穩健**（robust）？簡單地說，二個同類產品 A、B，如果產品 A 比產品 B 能在更寬鬆之條件下運作，那我們稱產品 A 比 B 更具有穩健性。產品之**不可控制因素**（uncontrollable factor）、**變異性**（variance）都是決定產品穩健性之重要原因。這二個原因就衍生工程師們長期以來一直想解決的兩個難題。

1. 不管人們如何努力都無法消除產品中之不可控制因素以及輸出參數不穩定所造成之影響，因此第一個問題是，如何保證實驗室裡的最適條件在生產與使用階段仍是最適。
2. 產品在產製過程中，往往會逐漸偏離當初所設定的參數，再加上消費者不

當使用，使得產品失去原有的功能水準更雪上加霜。因此第二個問題是，如何解決產品的變異問題。

為了解決上述問題，日本品管大師**田口玄一**（G. Taguchi, 1924-2012）首創了穩健設計，因此穩健設計也稱為**田口方法**（Taguchi method）或**品質工程**（quality engineering）。穩健設計主要是用參數設計、公差設計以及系統設計來降低參數變異的敏感度，以不增加成本的方式來提升品質，使產品在整個生命週期中都能保有穩定的性能。

田口改善了傳統統計之**實驗設計**（experimental design），使得工程師能大幅減少實驗的次數，因此能快速地將產品或製程設計做出重大改良。

可靠度

可靠度是一個零組件、產品或系統在**正常操作條件**（normal operating condition）下能執行其功能的機率，因此可靠度恆介於 0 與 1 間。這裡所稱的操作條件包括溫度、溼度、作業流程和保養情況等。不同產品所需的可靠度不同，導向飛彈所需可靠度要求當然高於烤麵包機。

可靠度分析

產品**失效**（failure）有兩種情形：一是應有功能之喪失，一是應有功能之劣化，兩者的差別是前者根本無法運作，而後者雖可運作但其功能已偏離了其應有的績效水準。

產品發生失效的機率稱為**失效率**（failure rate），它是可靠度工程中最重要的參數，產品或系統之失效率通常用希臘字母 λ 來表示，λ 是時間 t 的函數，即 $\lambda = \lambda(t)$，顯然，失效率在階段 I 是遞減，在階段 II 是平穩，到了階段 III 則遞增。

電子產品之失效率與時間之關係大致是呈**浴缸曲線**（bath-tub curve），早期失效率較高，因此，業者用**燒機**（burn in）的方式將瑕疵品從中剔除，但現在電子零組件品質大致穩定，燒機之必要性已不若從前。

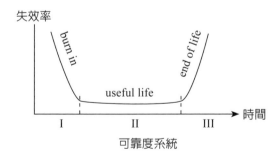

可靠度系統

如何評估產品之可靠度？這是一門專業課程，讀者可參考**可靠度工程**（reliability engineering），這需有機率理論之訓練。

如何提高可靠度？

製造業常用下列方式來提高可靠度。

從設計觀點：

- 產品零組件之布置上儘可能由串聯改為並聯，這點不難從機率學理解。
- 對失效率較大的零組件增加同樣的零組件稱為**複件**（redundant），複件在設計上必須使複件故障與否並不會影響到其他零組件。
- 在不降低產品功能的條件下減少互相影響的零組件個數。

從製造觀點：

- 提升零組件之品質以增加零組件之可靠度，從而增加產品之可靠度。
- 維持適當的**安全係數**（safety factor, SF），安全係數通常大於 1，有許多產品在相關法規中 SF 都有最低標準，SF 太高會使產製發生困難，太低會增加產品使用時之風險，包括故障、安全性等，產品之安全係數究要多少，要靠工程師專業判斷。

對消費者：

- 編製使用手冊，教導消費者正確使用之方法。

✚ 本節關鍵字

1. standardization
2. mass customization
3. module design
4. sustainable design
5. robust design
6. reliability
7. module
8. personal computer (PC)
9. computer aided design (CAD)
10. optimal design
11. 3R: reduce, reuse, recycle
12. value analysis (VA)
13. design for disassembly
14. remanufacturing
15. design for recycling
16. robust
17. uncontrollable factor
18. variance
19. Taguchi method
20. quality engineering
21. experimental design
22. normal operating condition
23. failure
24. failure rate
25. bath-tub curve
26. burn in
27. reliability engineering
28. redundant
29. safety factor (SF)

第5章
產能規劃

5.1 　導論

產能定義

　　產能（capacity）是作業單位（工廠、部門、醫院或者特定作業等）設備之**最大產出率**（rate of output）。換言之，產能是作業單位所能掌控之最大產出率。

　　產能可細分**設計產能**（design capacity）、**有效產能**（effective capacity）與**實際產出**（actual output）三種。

1. 設計產能：設計產能是一個企業、作業單位或特定設備被設計之最大產出率，也就是理想狀態下之最大產出率。
2. 有效產能：設計產能減去特定的產品組合、日程安排、設備保養、品質不良率與個人**寬放因素**（allowance factor）後的最大產出率。
3. 實際產出：在實際生產情況下之產出，扣除工廠或特定設備維修、停工待料、物料短缺等因素後實際的產出較有效產能小。

系統效能

　　我們可由上列三種產能定義出下列兩種系統效能：**產能利用率**（capacity utilization）與**產能效率**（capacity efficiency）。

$$產能利用率 = 實際產出 / 設計產能 \times 100\%$$
$$產能效率 = 實際產出 / 有效產能 \times 100\%$$

例題　若某煉油廠設計產能為每日煉油 200,000 桶，有效產能為每日煉油 150,000 桶，實際產出為每日 120,000 桶。求產能效率、產能利用率。

解　$產能效率 = \dfrac{實際產出}{有效產能} \times 100\% = \dfrac{120,000}{150,000} \times 100\% = 80\%$

　　$產能利用率 = \dfrac{實際產出}{設計產能} \times 100\% = \dfrac{120,000}{200,000} \times 100\% = 60\%$

對一個訂單穩定的 OEM，產能利用率大通常獲利越大，但對一般企業則多會保留一部分產能，以備因應突發之大訂單，這是下節要討論之產能緩衝問題。

有效產能的決定性因素

- 產品設計：產品之易製性與產品設計之 3S（簡單化、規格化與標準化）的程度成正相關，3S 程度越高就越有利於提升產能。
- 產品品質：產品設計之允差愈窄不良率就會增加，從而重工或報廢之機率就愈大，如此便降低了產能。允差變寬雖然形式上減少了不良率但會使產品變異加大而影響到產品之實際品質。
- 機器設備之整備時間：若能減少機器設備之整備時間可縮減生產之前置時間，當然有利於提高產能。
- 作業人員：作業人員之工作士氣、專業能力越強，越有利於提高產能。
- 廠房設備之位置與布置：
  - 廠房位置：廠房的位置可能會影響到勞工的來源與原材料等供應之方便性。
  - 廠房之設計與結構：廠房之樑柱、進出口位置等會影響物料搬運的便利性，而廠房的高度與負荷能力對存貨的堆積造成侷限。
  - 廠房之工作環境：廠房之通風、溫度、溼度、照明等都會影響到作業人員之工作情緒從而影響到產能。
- 設備之維護保養水準：尤其重要的生產設備之**妥善率**（availability）高低會影響產能大小。
- 供應商之供貨能力：供應商如質、如數、如期供貨之程度都會影響到產能。
- 其他：
  - 人員：作業人員之工作能力，出勤率和流動率。
  - 企業之排班制：如一天兩班制還是三班制，以及對加班之政策（尤其最近政府推行之一例一休制）。
  - 工會之限制：員工每月加班時間、加班津貼等。
  - 企業對員工有無激勵措施以及應有之在職訓練。

＋ 本節關鍵字

1. capacity
2. rate of output
3. design capacity
4. effective capacity
5. actual output
6. allowance factor
7. capacity utilization
8. capacity efficiency
9. availability

5.2 平準化與產能緩衝

平準化與產能緩衝

在談**產能規劃**（capacity planning）前，我們先說明**平準化**（leveling 或日文讀音 heijunka）與**產能緩衝**（capacity cushion）這兩個重要概念。

平準化

平準化是一個很重要的生產思維。在製造過程中，產能負荷不會是一條水平線，它呈現波狀。平準化就是要降低生產負荷之波峰與波谷的差距，使得生產負荷趨向平穩。如何拉近變異？生產節拍是重要手法。

如果整個製程都按生產節拍進行，那麼每個工作站之負荷都能相對穩定，不致有**閒置**（idle）與**忙碌**（busy）互見的現象。因此按生產節拍生產是實施**平準化生產**（levelling manufacture 或 levelling production）的基礎。

實施平準化生產將有下列優點：
• 不須以大量存貨來做**緩衝**（buffer）。
• 縮短產製之前置時間。
• 便於**混線生產**（mixed production），混線生產為少量多樣生產先決條件。

產能緩衝

若未來的市場需求超過企業現有的產能水準，作業部門就會考慮去擴大產能，以免失去市場，那麼平時要有多少產能？這時就有產能緩衝的問題。產能緩衝就是為了因應需求不確定性所做的備用產能。它的計算式是：

$$產能緩衝 = 100\% - 產能利用率。$$

由上式可知，產能緩衝與產能利用率實為一體之二面。
1. 如果平時產能緩衝太小也就是產能利用率太大，一旦遇到緊急訂單，作業部門就沒有多餘的產能來處理這個緊急訂單。
2. 如果平時產能緩衝太大也就是產能利用率太小的話，因為產製過程中有一些固定費用要支應，那麼分攤到產品的單位成本就會增高。

營運成本與產品需求處於不確定時，企業會斟酌產能利用率也就是產能緩衝的大小，對需求不確定性大的產品通常會設定較大的產能緩衝，標準化產品的產能緩衝通常設定上比較小。美國製造業之產能緩衝大約在20%左右。

也有作者定義產能緩衝為：產能緩衝 = 產能 − 預期需求。嚴格地說二者意義有些不同，而且一個是用百分率表現，另一個則為數字表現。

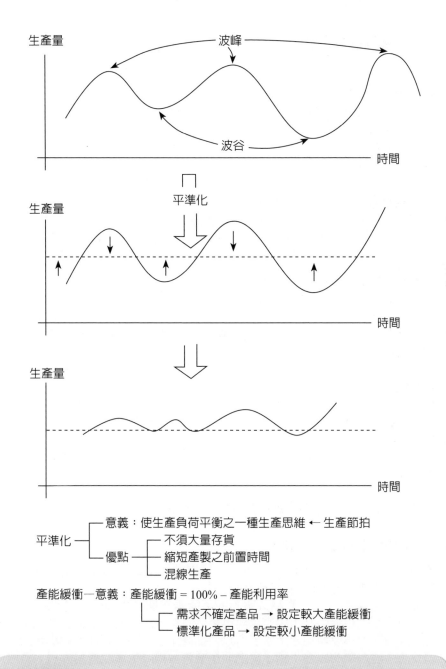

平準化
- 意義：使生產負荷平衡之一種生產思維 ← 生產節拍
- 優點
  - 不須大量存貨
  - 縮短產製之前置時間
  - 混線生產

產能緩衝—意義：產能緩衝 = 100% − 產能利用率
- 需求不確定產品 → 設定較大產能緩衝
- 標準化產品 → 設定較小產能緩衝

＋ 本節關鍵字

1. capacity planning	6. busy
2. leveling	7. levelling manufacture
3. heijunka	8. buffer
4. capacity cushion	9. mixed production
5. idle	

5.3 產能規劃

產能規劃鳥瞰

產能規劃因**規劃時距**（time horizon）之長短可分長程之產能規劃與中短程之產能規劃。

1. 長程之產能規劃涉及新廠房或新設施之投資，因涉及之資金很大、執行時間很長，對企業之產品或服務之市場佔有率、競爭力都有深遠的影響。
2. 中短程之產能規劃是以勞動力、存貨、加班費等作業部門例行作業爲主。
   產能規劃有三個主要策略：
1. 領先策略：若未來需求增加便要擴大產能
2. 同步策略：若需求超過現有產能便要擴大產能
3. 追趕策略：若需求超過現有產能時，隨需求增加逐步擴大產能

產能規劃之重要性

產能規劃對企業有下列重要性：

- 產能限制了企業之產出率，因此它代表企業對其擁有資源的長期承諾。
- 從管理難易度來看，企業若擁有足夠產能，其管理複雜度較產能不足的企業來得小，因此產能直接影響到管理的難易度。
- 從競爭力來看，擁有適當產能的企業在交貨速度、市場之快速反應上占有競爭優勢。
- 從市佔率（行銷）角度來看，當產能大於市場需求時，企業會因存貨而積壓資金，相反地，若產能不足因應市場需求時，企業會失去它應有的市場佔有率。
- 從資金成本來看，產能大，產品或服務分攤的成本越小，但相對地就有大量存貨之可能，反而積壓了大量資金。產能小，產品或服務分攤之成本越大，壓縮了企業利潤水準，甚至影響到競爭力。
- 全球化供應鏈對產能需求的不確定性，造成產能決策益形重要及更高的挑戰性。

企業發展產能方案之原則

- 彈性考量：產品或服務的未來市場若呈相當不確定性，在產能規劃時要有彈性，因此要考慮到未來有調整的空間。
- 產品生命週期的考量：產品或服務的產能需求與其所處生命週期之階段有關。導入期因很難估計市場需求與市場佔有率，因此需考慮低彈性的產能投資；成長期因爲要增加產出水準所以要提高產能，但因有競爭者出現所以又須預防產能過剩的風險；到了衰退期企業會大幅降低產能或另外引入新的產品或服務以填補產能缺口。
- 從系統觀點來發展產能方案：作業流程中產能最低的環節就稱爲**瓶頸**（bottleneck）。瓶頸的產能決定了系統的產能，因此要增加系統的產能必先增加瓶頸環節的產能。企業的產能改變時，供應鏈的其他伙伴企業勢必也要同步調整產能，否則供應鏈就會產生新的瓶頸。

例題　若一工作製作需經 4 個作業，它們的生產速率（個／小時）如下：

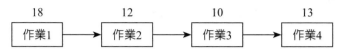

那麼這個系統之每小時產出率爲何？瓶頸落在那個作業？

解　因作業 3 之生產速率爲 10 個／小時，是 4 個作業中之最小者，故因此作業 3 爲瓶頸作業，故系統之生產速率爲 10 個／小時。

- 產能平準化：對銷售有淡季與旺季之產品，應利用平準化生產來調整產能淡旺季需求。企業可應用的途徑有：
  - 利用存貨來調整產能。
  - 旺季時利用加班、外包或雇用臨時工人來增加產能。
  - 在淡季時加強促銷活動，使產品銷售量增加。
- 確認最佳營運水準，從經濟學理論得知，平均單位成本曲線爲一個上凹曲線，因此它存在平均單位成本之最低點，若產出水準低於此點，那麼平均單位成本函數是個遞減函數，增加產出量會讓平均單位成本越低，反之若產出水準高於此點，那麼平均單位成本函數是個遞增函數，增加產出量會讓平均單位成本越高，即經濟學所稱之**規模不經濟**（diseconomies of scale）。因此，作業管理者可以將平均單位成本視爲產出率，即產能的函數，比較不同規模之工廠或設施下之最適點以決定最佳營運水準。

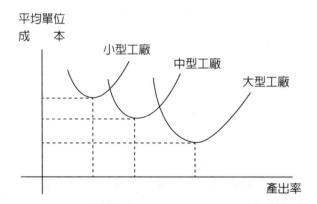

＋ 本節關鍵字
1. time horizon
2. bottleneck
3. diseconomies of scale

5.4 產能規劃之步驟

產能規劃的內容

產能規劃在內容上不外乎下列三個問題：

1. 需要哪一類型的產能？
2. 需要多大的產能？
3. 何時需要該項產能？

產能規劃的步驟

因此，產能規劃的步驟有：

1. 對未來的需求做一預測。長期產能預測需考慮到趨勢性或循環性，甚至兩者的混合。對趨勢性就要考慮趨勢持續多久？趨勢之斜率為何？若有循環性就要考慮循環的週期與振幅。短期產能預測就需考慮到季節性或其他變異。企業也可用時間數列法來預測季節性的型態。不規則變異如政治事件、極端天候等較難以預測，預測時可能需人為調整或忽視不計。
2. 計算**產能差距**（capacity gap）。產能差距是現有產能水準與未來產能需求的差異。
3. 找出能去填補產能差距的各種方案，例如：調整存貨水準、勞動力水準（包括：加班、外包），或者不採取任何行動。
4. 評估產能方案：確認所有納入評估的方案必須為可行。評估方法有：
   (1) 定量方法：主要是基於財務觀點，常見的有
      - 成本─數量分析：成本─數量分析又稱**損益平衡分析**（break-even analysis）
      - **回收年限**（payback）：回收原先的投資成本所需的年限。
      - **現值法**（present value method）：將所有投資之初始成本未來之現金流量與任何的殘值換算成**現值**（present value）的方法。
      - **內部報酬率**（internal rate of return, IRR）：IRR 是投資的初始成本與預期未來報酬的現值相等之報酬率。
   (2) 定性方法：包括產能規劃與企業的競爭策略是否契合？未來的技術趨勢？與企業整體規劃是否衝突？然後將上述問題依**最佳狀況**（best case）、**中等狀況**（average case）與**最糟狀況**（worst case）來判斷。
5. 執行選定之產能方案。
6. 追蹤執行成果。

損益平衡分析

損益平衡分析是一個計算要銷售多少單位才能使總收入＝總成本，而總收

入 = 總成本的那個點稱為**損益平衡點**（break-even point, BEP）。

我們在進行損益平衡分析時，假設在攸關範圍內可將總成本劃分成**固定成本**（fixed cost, F）與**變動成本**（variable cost, v）v 為單位變動成本，x 為生產量，因此總成本 TC = vx + F，**總收入**（total revenue, R），R = px，p 為單價（損益平衡分析不考慮折扣等），依損益平衡點之定義，x 需滿足 TR = TC ∴ px = vs + F，得 $x_{BEP} = \dfrac{F}{p-v}$，若再考慮利潤 π，那麼 px = vx + F + π ∴ $x_{BEP} = \dfrac{F+\pi}{p-v}$。

損益平衡點在應用上有四個假設：(1) 只涉及一種產品。(2) 不論固定成本，單位變動成本均為常值。(3) 單價不變（即不考慮折扣）。(4) 單位收入 > 單位變動成本。

例題 1. 假定公司有 A、B、C 三個方案去生產某特殊零組件，有關會計估算：

方案	產量	變動成本	固定成本
A	10,000件	$3.5 / 件	$8,000
B	8,000件	$3.5 / 件	$7,500
C	7,500件	$3.5 / 件	$7,500

若售價均為 $8 / 件求 (1) 各方案之利潤水準。(2) 各方案之損益平衡點（BEP）

解 (1)

方案	總收入	總成本	利潤
A	80,000	3.5 × 10,000 + 8,000	37,000
B	64,000	3.5 × 8,000 + 7,500	28,500
C	60,000	3.5 × 7,500 + 7,500	26,250

(2) 方案 A 之 BEP：$\dfrac{F}{p-v} = \dfrac{8,000}{8-3.5} = 1,777$

　　方案 B 之 BEP：$\dfrac{F}{p-v} = \dfrac{7,500}{8-3.5} = 1,666$

　　方案 C 之 BEP：同 B

例題 2. 某企業計畫採購 1 部、2 部或 3 部機器，不同訂購機器數量會在不同產量範圍內之固定成本如下表，假定不論買幾部機器，單位變動成本均為 10 元，單位價格均為 30 元。
(1) 計算各產量範圍之損益平衡點
(2) 若年產量在 800-1,100 單位間，購買幾部機器最適宜？

購買機器數	年固定成本	產量範圍
1	10,000	0-450
2	18,000	451-1,000
3	25,000	1,000-1,200

解　購買 1 部機器之 $x_{BEP} = \dfrac{10,000}{30-10} = 500$（BEP 高於 0-450）

購買 2 部機器之 $x_{BEP} = \dfrac{18,000}{30-10} = 900$

購買 3 部機器之 $x_{BEP} = \dfrac{25,000}{30-10} = 1,2500$（BEP 低於 1,000-1,200）

$\therefore$ 以購買 2 部機器為宜

服務業之產能規劃應考慮的因素

根據服務業的的特性，服務業產能規劃有以下的考慮因素：

- 服務業需要接觸顧客，因此對顧客之便利性是服務業很重要的考量，所以國內 7-11、星巴克設點均在人潮的地點。
- 服務無法像產品一樣的事先生產然後儲存供未來使用，例如我們搭高鐵去高雄，這班車的空位無法保留到下一班再用。就顧客而言，等待是一件常有的事，因此服務業的產能規劃必須考慮顧客等候的時間。
- 因為服務業不論是需求的時機或是顧客所需服務的時間均不穩定，為使需求趨於平穩，因此服務需用**差別取價**（price discrimination）、促銷等方式來移轉尖峰時間以補償產能上的限制。

＋ 本節關鍵字

1. capacity gap
2. break-even analysis
3. payback
4. present value method
5. present value
6. internal rate of return (IRR)
7. best case
8. average case
9. worst case
10. break-even point (BEP)
11. fixed cost
12. variable cost
13. total revenue
14. price discrimination

第6章
製程選擇與設施布置

6.1　技術與自動化

企業應用的技術

製程設計與設施布置有緊密的關係，技術對兩者均有直接的影響，因此我們先從技術談起。

技術關乎企業之生產力與競爭力，企業應用的技術有三類：

1. 製程技術：作業系統從投入到產出所應用的技術。
2. IT：IT 是作業系統在資訊之擷取、處理、貯存與傳輸所需之技術，現今更加入通訊而成為**資通技術**（information-communication technology, ICT）。IT 在應用時要注意到新系統出現後是否會停止支援舊的版本？是否需定期注意更新版本？防毒與防止駭客入侵更是資訊安全上之重點。此外還要注意 2.2 節有關資訊安全三原則，機密性、完整性與可用性。
3. 產品技術：與產品的研究發展與設計有關的技術。

談到近代企業，尤其是知識含量高的製造業或服務業之技術，就少不了**自動化**（automation），下面幾節所談之課題都是自動化之某種延伸。

自動化

人類很早就應用像水車之類的自動化裝置，直到工業革命後始出現近代自動化裝置的雛型。今日之自動化裝置是由電腦、軟體、**感測器**（censors）與通訊技術組成，其背後蘊含的知識除了 IT 外，還橫跨有自動控制、電子學、光電技術、液壓氣壓技術、精密機械等領域。近年來，**人工智慧**（artificial intelligence, AI）在自動化的應用正方興未艾。

自動化的形式有三種：

1. **固定式自動化**（fixed automation）：為特定產品或服務量身訂做的的自動化。像煉油、汽車業這類生命週期長、需求量大的產業都是採固定式自動化。固定式自動化能有高產量及低成本的優點。
2. **可程式自動化**（programmable automation）：這種自動化利用電腦程式去控制機具設備，除可提供每個作業的生產程序、加工步驟及相關資訊外，它亦有規劃更新的能力，因此可程式自動化較固定式自動化更能適應新產品、新製程、客製化高及少量多樣的生產需求。**工業機器人**（industrial robot, IR）和數值控制機都屬可程式自動化。
3. **彈性自動化**（flexible automation）：這是由可程式自動化發展出來一種更容易客製化、更容易換線的自動化，彈性自動化可與連續性生產的機具設備連用，不需批量生產便可達到產品多樣性的目的，因此彈性自動化極便於混線生產。

　　可程式語言控制（programmable language control, PLC）出現後，自動化設備在操作上更容易使用，使得自動化不論在製造業或服務業都有更廣泛的應用，例如：

1. 製造業：PLC廣泛應用在**電腦輔助設計與製造**（computer-aided design and manufacture, CAD & CAM）、工業機器人、**自動化搬運與儲存系統**（automated material handling and storage system）、工廠生產資訊蒐集、分析與管理等，使得**智慧機械**（smart machine）得以實現。

2. 服務業：**自動櫃員機**（automated teller machine, ATM）、網路銀行、快遞包裹自動分類、**辦公室自動化**（office automation, OA）甚至醫學上之遠端手術等。

＋ 本節關鍵字

1. information-communication technology (ICT)
2. automation
3. censors
4. artificial intelligence (AI)
5. fixed automation
6. programmable automation
7. industrial robot (IR)
8. flexible automation
9. programmable language control (PLC)
10. computer-aided design and manufacture (CAD & CAM)
11. automated material handling and storage system
12. smart machine
13. automated teller machine (ATM)
14. office automation (OA)

6.2 自動化之動機與省思

自動化的原因

企業引入自動化的原因一般包括有：

- 就勞動力而言：自動化除可解決勞動力不足及避免勞資糾紛外，它還可避免勞動者因生理或心理因素影響到產品或服務的品質。

- 就作業而言：自動化對作業的影響是很多元的，我們就其中的設計、品質、製程安全等三個面向說明之。

  (1) 設計上：設計部門可利用 CAD 直接從資料庫中擷取類似之工程圖檔稍加修正即可，不必從頭設計，故可縮短設計的前置時間。

  (2) 品質上：像**晶圓代工**（foundry）這類高科技產業必須應用自動化才能達到精密的品質要求，例如汽車業用 IR 噴漆遠較傳統噴漆為均勻。

  (3) 就製程安全上：有些製程像汽車噴漆時會產生致癌物質，若由 IR 執行就無此顧慮。

自動化引入前之省思

許多人在引入自動化前深信自動化能增加企業的競爭力，事後卻發現一些問題，例如：自動化雖然能夠取代部分的作業人力，但也增加為維護自動化設備所需的間接人力，以及自動化設備高額投資回本等問題。因此企業在引入自動化前要反覆思考：

- 引入自動化的動機：引入之動機是為了解決作業瓶頸？提升產品或服務的生產力或品質？還是其他？

- 成本效益分析：一旦確立自動化的動機後便可確定自動化的必要性，從而決定需要哪些自動化設備。同時還要評估自動化後產生的效益是否能涵蓋成本？是否能創造出更高的顧客滿意度？以及引入後會有哪些風險？

- 作業上之考量：引入自動化設備後，是否與現有之設備相容？現行之設施布置、製程、作業標準與員工績效等是否有修整或重新訂定之必要？還需要哪些配套措施，如須備有監管或維修人員或添列輔助設備？

釐清了上面的問題後，企業便可決定是否要自動化以及自動化的程度從而決定引入自動化設備的種類和相關之配套措施。

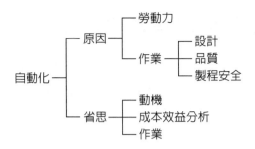

企業引入自動化之點檢表
1. 自動化的程度
2. 自動化對作業系統的彈性影響程度
3. 引入自動化之合理性 —— 確定自動化符合企業策略、改善經營績效，以及當初引入自動化之動機。
4. 引入自動化後需有哪些管理之配套措施
5. 自動化引入後有哪些風險
6. 自動化對產品之市場佔有率、成本、品質、顧客滿意度之效益

自動化在服務業

服務業自動化已有逐漸增加之趨勢。最常見的有銀行之**自動櫃員機**、電子銀行之定存、同行存摺間之轉換等都可在電腦上為之，在超商已有許多人採用電子支付系統進行支付，在交通方面，如果你要搭乘航空、高鐵或台鐵，只要利用電腦或手機直接就可訂票。這些都存在你的日常生活中。企業裡應用自動化從事管理工作更多，像郵局之郵件分類與處理、行銷廣告公司應用之**大數據**蒐集消費資訊。

有些服務業未必像製造業那麼需要自動化，比方說超市就有許多以手工水餃為號召。對有自動化需求的服務業，可對企業引入自動化進行點檢。

＋ 本節關鍵字
1. foundry

6.3　一些自動化製造技術淺介

本節介紹之電腦輔助設計（CAD）、**數值控制**（numerical control, NC）、**電腦整合製造**（computer-intergrated manufacturing, CIM）、**彈性製造系統**（flexible manufacturing system, FMS），它們都是和自動化有關之製造技術，也是**自動化製造技術**之一部分。

電腦輔助設計

早在上世紀 50 年代，美國麻省理工學院發展了 CAD，使得設計部門得以利用電腦繪圖軟體進行產品設計，時至近代，CAD 已可繪出物件之 3D 幾何模型並具有**交談式電腦繪圖**（interactive computer graphic）的功能。設計工程師可由檔案隨時呼出相關圖檔進行複製或修改。甚至利用 CAD 來進行最佳化設計，或對新產品設計參數進行模擬。設計工程師亦可利用電腦**放大縮小**（zoom）的功能來分析一些複雜的工程細節。CAD **分層**（layering）功能有利於電路或管線布置分析與模擬之用。因 CAD 極具親和力，對設計工程師之創新設計或修改設計圖檔都很方便。

數值控制

數值控制是數值、文字或符號去控制製程或機械設備運作的一種可程式自動化，因此**數值控制機器**（numerically controlled machine, NC machine）是由操作人員撰寫程式而非直接手動去操作。數值控制可分**直接數值控制**（direct numerical control）與**電腦數值控制**（computerized numerical control, CNC）兩種，前者是利用一部電腦來控制多部 NC 工具機，後者則為每一部機器都有自己專屬的電腦來控制。後來又發展出**分配數值控制**（distributed numerical control, DNC）。發展迄今 DNC 泛指分配數值控制。DNC 是以主電腦當做直接數值控制使用，而用其他的微電腦來「指揮」個別的 NC 機器。DNC 之主電腦當機時，它的微電腦控制器就可當做成備用記憶體。

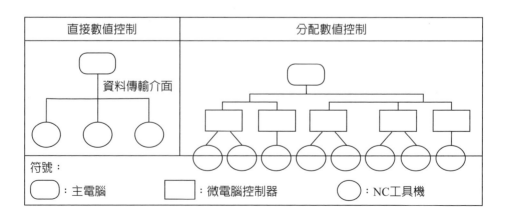

數值控制的優點

- 品質：NC工具機對工件製造之精確度遠較非NC工具機爲高。
- 成本：NC工具機是用電腦定位，操作上可減省人工與時間，而且一部NC工具機可抵數部傳統工具機，可顯著地降低生產成本。
- 工時：NC工具機之整備時間少又因可自動更換刀具故可減少前置時間，這在構形複雜、加工次數越多之工件產製上之效果就更加明顯。
- 彈性：NC工具機都具有**自動可程式工具**（automatic programmable tool, APT），APT是用在數值控制的一種特殊程式語言，操作者透過APT之敘述指令去定義零組件之幾何形狀、切削刀具的行進路徑及必要動作。因爲APT類似英文語法，故它有**交談式**（interactive）的功能，因此便於工程設計與設計變更。

綜上，NC工具機極適於批量小、幾何形狀複雜、品質要求高以及經常要變更設計的工件產製作業。

雖然NC工具機之交談式的功能對作業人員具有親和力，操作人員仍需編寫程式，以便操作指令傳輸到切削加工之機械上，因此在操作上仍有相當的複雜度，作業人員之操作能力很重要，所以員工之教育訓練極爲重要。NC工具機之購置與維護成本較傳統工具機昂貴許多，以致業者在引入NC工具機時往往想儘量提高使用率好提早回收投資，造成大量存貨，這是NC機器使用者應注意事項。

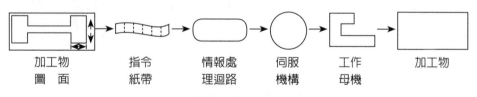

| 加工物
圖　面 | 指令
紙帶 | 情報處
理迴路 | 伺服
機構 | 工作
母機 | 加工物 |

NC機械資訊流程示意圖

單元生產

單元生產（cellular production）是以機器群組形成所謂的**單元**（cell），在單元內對相似的工件或工件族進行加工。這裡所稱的製程相似對單元生產是很關鍵的。我們將會在6.6節介紹單元生產之布置形態。

群組技術

許多工件在製程或設計特徵（如幾何形狀）上至少有一**相似性**（similiarity），若能將這些相似性納入考慮並將之納入群組進行生產，應該就會產生製造上的利益，這是許多製造業者共同的經驗。

群組技術（group technology, GT）是將設計特徵或製程相似的零組件分門別類成不同的**零件族**（parts family）並將一群機器組成若干單元以進行相似工件的製造。

顯然，GT 的關鍵是找出並確認零組件的相似性，途徑有下列三種。
1. 目視法：簡單方便但最不精確。
2. 生產流程分析：透過作業流程與機器途程找出相似性。
3. **零組件分類與編碼**（parts classification and coding）：它是用工件之設計及製造的特徵先行**編碼**（coding），編號的方式有好幾種，其中以德國之 Opitz 編碼最爲有名。

在應用時，工程師是依據零組件之編碼自零組件資料庫查詢是否有現成工程圖可以直接取用，或者有相近的工程圖可供逕予修改。因此 GT 爲設計自動化創造出有利之條件當然有利於縮短設計之前置時間。

群組技術之利益
GT 不僅能提升產品設計之生產力外，還有以下的生產利益：
- 便於生產排程之訂定：實施 GT 的工廠，所有的操作都在工作單元內進行，所以**派工令**（dispatch list，或稱派工單）都直接送到工作單元內，大幅簡化生產作業之文件流程。
- 員工滿意：工作單元內的作業人員對指派工件能從頭做到尾，可滿足員工之成就感，直接強化了組織和諧。
- 減少機器之整備時間：實施 GT 的工廠，工件在設計特徵或製程上之相似性，使得機具設備在產製過程中可不必做太多的調整，直接縮短整備時間，如此可壓縮工件之前置時間。
- 降低物料搬運成本：因 GT 工廠之物料搬運均在工作單元內進行，因此搬運之距離較傳統之布置來的少，相對地降低物料搬運成本。

彈性製造系統

CNC 機器具有很高的生產彈性但是不適合量產，輸送帶生產恰恰相反，因此傳統製造業者一直夢想有一個既有超高的生產彈性又有大量生產的能力之生產系統，上世紀中便萌生了 FMS 的構想，希望能在彈性與量產間取得平衡。直到 IT 成熟後，FMS 終於由理論走向實用。

	輸送帶	FMS	獨立之CNC工具機
生產量	大量	中量	少量
生產率	高	中	低
生產彈性	低	中等	高

FMS 是可以適應不同的加工方式與工件種類變化的一種生產系統，FMS 有不同的定義，常見的一種是：

FMS 是由包含**工具機**（machine tools）、控制系統、**自動化物料搬運與儲存系統**（automated material handling and storage systems）所組成的一個製造系統。

1. 工具機：FMS 要包含工具機的種類就與產品之製造需求有關，它可能是通用的，也可能經過特別設計。常見的 FMS 工具機是由 CNC **切削中心**（machining center）、自動化夾持、自動化拖板、車床、銑床、鑽床等組成。
2. 控制系統：FMS 的控制系統具有 (1) 貯存和分配零組件的加工程式、(2) 工作流向監控、(3) 生產控制、(4) 系統監控和 (5) 工具控制等。
3. 自動化物料搬運與貯存系統：FMS 的自動化物料搬運與貯存系統包括輸送帶、工業機器人（IR）或自動導引車（AGV）都是。

FMS 雖然有降低勞動力成本，在製造同一族群工件時有足夠的彈性與減少生產的前置時間。相對於固定自動化而言，投資成本較低。但 FMS 有一些缺點，諸如：FMS 能處理零件的多樣性較少。因複雜度與成本之增加，使得 FMS 比傳統之製程設備需較長的規劃。FMS 初始之投入成本較高。

FMS 之未來展望

FMS 之應用過程中，發現自動化機器對工件之尺寸、形狀與加工位置、作業邏輯尤其裝配程序等，這些對作業人員能運用自如的能力顯得不足，因此應用 IR 來擬人能力以及用 AI 學習人類之視覺判斷力、語言處理能力以及幫助改進彈性製造工廠內 IR 的裝配技巧等都是 FMS 努力的方向。

電腦整合製造

早期自動化在工業界應用時，主要是對個別的構件（如機器設備、工作中心等）進行自動化，這種獨立之局部自動化，就是 Joseph Harrington Jr. 所稱之**自動化孤島**（island of automation），這種局部自動化雖對個別構件有正面效益，但對整個生產系統並未有明顯的生產利益。1960-1970 年代，美國產學界發現有下列七大問題待解決：

1. 設計與製造之前置時期
2. 存貨週轉率
3. 設備之整備時間
4. 生產效率
5. 員工生產力
6. 整體品質與重工問題
7. 每日員工提出之產品改善建議

既然只解決部分問題對企業整體改善仍於事無補，因此 Joseh Harrington Jr. 在 1973 年提出 CIM 之概念希望能畢其功於一役。

演變至今 CIM 已是利用電腦、網路及通訊等科技去整合與管理製造過程中所有活動的一個系統，包括工程設計、FMS、生產規劃與相關之控制系統。基本上，CIM 是一個觀念而不是產品。具體言之，CIM 不僅是加工的新方法，也是處理作業的新方法。

MAP

一個製造系統可能由許多供應商提供之硬體設備、作業軟體所組成，它們間可能存在**不相容**（incompatibility），這是整合上必須克服之關鍵，好在有**製造自動化協定**（manufacturing automation protocol, MAP）解決了軟硬體間之相容問題，如此方能發揮生產系統整體的**綜效**（synergy）以免淪為自動化孤島。

整合並非一蹴即成的，人工的整合整造是經下列步驟一步一步地演進而來，就像沒有人還真認為牛頓是因被蘋果打到頭上才發現地心引力。

整合製造的進程

3D列印

3D 列印（3D printing）是應用 CAD 控制的一種 IR。

傳統之物件加工要透過切割、研磨、鑽孔、銑床等動作將鋼材逐成成型，顯然每一階段之加工都會把原來鋼板之鋼材削減掉一點，因此，我們稱這種製造方式為減法式製造。

然後將材料一次次地堆疊來實現 3D 立體列印的製程，利用這種堆疊的方式列印出任何尺寸或形狀的物體。相對於傳統之減法式製造，3D 列印也稱為**加法式製造**（additive manufacturing）。

早期之 3D 列印是用噴墨列印噴頭將材料沉積在粉末上，現在之 3D 列印所用之技術更為廣泛，包括壓製，這是將金屬或塑料模壓製成型；或者燒結，這是用熱壓力把粉末固化。

3D 列印通常比傳統技術施工時間更長，因此它不大可能成為大量生產的利器，但它有下列優點：

- 利用 3D 掃描技術能在不使用模具之情況下複製物件，因此它可避免製模成本及時間，這對製模困難的情況尤為有用。
- 對一些添加之物料有損害原物料之情況下，3D 列印就無比顧慮。
- 對一些現物，可在各角度拍攝該物件可補足細節。

- 設備故障時能自行更換零件，因此可避免延誤生產的損失。
- 降低產品開發之時間和成本。
- 能有效地少樣生產。

　　3D 列印有許多應用，包括：電腦之主機板、IR、車輛之零件、醫療方面有義肢、假牙填充物、建築模型之建立、快速成型等。

✚ 本節關鍵字

1. numerical control (NC)
2. computer-intergrated manufacturing (CIM)
3. flexible manufacturing system (FMS)
4. interactive computer graphic
5. zoom
6. layering
7. numerically controlled machine (N/C machine)
8. direct numerical control
9. computerized numerical control (CNC)
10. distributed numerical control (DNC)
11. automatic programmable tool (APT)
12. interactive
13. cellular production
14. cell
15. similiavity
16. group technology (GT)
17. parts family
18. parts classification and coding
19. coding
20. dispatch list
21. machine tools
22. automated material handling and storage systems
23. machining center
24. AGV
25. island of automation
26. incompatibility
27. manufacturing automation protocol (MAP)
28. synergy
29. 3D printing
30. additive maunfacturing

6.4　製程選擇

製程選擇（process selection）主要是討論產品／服務系統之型態，下圖給了我們對製程選擇之一個鳥瞰。

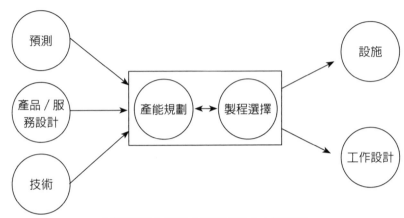

製程選擇在產品／服務系統之中樞關係

製程選擇之策略

企業進行製程選擇都要面對下列三個問題：
1. 系統必須處理產品或服務之變化程度？
2. 需要多大彈性的製程？
3. 期待產出量水準。

因此，製程策略有二個重點：
1. 組織能運用設施與勞動力之組合能力；
2. 面對產品或服務、產量或技術改變時之彈性因應能力。

基本的生產或服務的型態

企業之製程選擇基本上大可概分下列四種：
1. 零工生產：**零工生產**（job shop production）是依照顧客的下單去生產不同加工需求的小量產品或服務。生產的產品或服務之種類是多樣的，企業必須採用通用型的機具設備進行產製，需要經常地調整機具設備，因此作業人員之技術水準要求很高。

顧客下單的時點並非固定，使得企業在生產規劃時變得困難，為了因應不時的訂單，必須備有一些成品或零組件存貨。

專案生產（project production）是一種特殊的零工生產，它是在指定時

間內完成一項非例行性的特定生產活動,它可從最簡單的展場布置到橋樑工程、電廠建設甚至航太工程。

2. 批次生產:**批次生產**(batch production)也稱為**間歇性生產**(intermittent production),通常在每隔一段時間進行中等批量生產,批次生產所用之機具設備不必像零工生產那麼有彈性,也不特別強調作業人員的工作技能。批次生產有一些生產利益,例如:

- 批次生產比重複性生產在製程上更具彈性。
- 批次生產採通用型的機具設備,和重複性生產的專用型設備相較下,不僅便宜也利於維護,尤其不會因為設備損壞而影響到產製活動。
- 易於人員激勵。

批次生產也有一些缺點,例如:

- 設備利用率與產量均較低,導致單位產品分攤之成本較重複性生產為高。
- 較難排定生產計畫故需較高的存貨。
- 工作複雜通常導致較高的監督成本(包括流程、排程表、機器設定)。

3. 重複性生產:**重複性生產**(repetitive production)也稱為大規模生產或**裝配線生產**(assembly production)。**裝配線**(assembly line)應是這類生產的最大特徵。產量大、成本低、標準化高是它的利基。這種生產方式有以下的生產利益:

- 重複性生產能提高勞工與設備的利用率,從而降低單位生產成本。
- 重複性生產是採用專用機具設備產製,產製細節多已箝入在機具設備中,勞工在技藝上的要求不若其他生產方式要求來的高,因此勞工的招募較易,訓練成本也較低。
- 製程和排程在系統設計時就已建立,因此有利於例行性盤點、採購和存貨管制。

重複性生產也相對的有一些缺點,例如:

- 重複性工作造成員工工作枯燥乏味,對員工心理造成傷害,以致員工對維護設備或提高產出興趣缺缺。
- 重複性生產對製程變更缺乏彈性。
- 重複性生產會因設備故障或作業員高缺勤率而停擺,因此預防性維護、立即修復能力與備用零件存貨都是必要。

重複性生產的成功要素

由上面的討論,我們不難推知重複性生產的成功要素有:

- 流程設計流暢,成本與製程能力是關鍵。
- 設備妥善率極為重要,亦即設備之維護保養極為重要,在故障發生時有

能盡速處理之能力（包括外包商之配合）
- 產品設計 3S 化（標準化、規格化與易製性），找出最佳產品組合，並易於確保產品品質。
- 供應商供貨的品質、排程都可滿足廠家之需求。
4. 連續性生產：**連續性生產**（continuous production）常應用於大量高度標準化的產品之產製，採連續性生產之流程大致固定，產品多有固定之機具設備自原物料投入至產品產出均以持續流動方式進行，煉油業就是標準例子，原油自原油打入儲油槽，由管線經不同之煉製設備，經一定的工序一直到油品產出。連續性生產之優缺點大致與重複性生產相同。

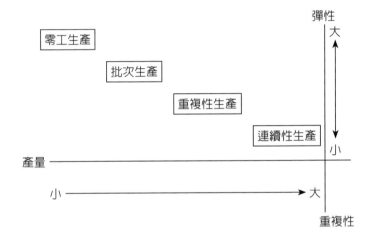

企業製程的選擇還有其他分類的方式，例如：
1. 依顧客訂貨方式：
   (1) **接單生產**（make-to-order, MTO）是依照顧客下單才進行產製活動，若是屬裝配的製造業就稱為**接單裝配**（assemble-to-order, ATO）。
   (2) **存貨生產**（make-to-stock, MTS）依照企業自訂的規格先行生產一批商品由顧客購買。
2. 依產品製程型態程度可分：
   (1) 連續性製程：像煉油廠、水泥廠，這種生產方式是將原材料在生產線一端投入就按工序連續地生產操作以生產大量高度同質化的產品，因此多屬**存貨生產**。
   (2) 離散性製程：**離散性製程**的產品最大特色就是由許多零組件組成，它有一定之加工、裝配的程序，加工成品利用**輸送帶**（conveyor）由一個製程傳遞到下一個製程，像汽車、家電等都是。

以上說了一些製程型態，在此，不妨結論如下：

1. 上述的製程型態是以製造業爲主，有些作者將服務業放入，其實有些牽強。

2. 儘管製程型態有不同之分類，但在實際之工業世界，仍可常見到一個企業跨有不同之分類。以石油公司爲例，它的一般正規產品如無鉛汽油、燃料油、柴油是用連續生產，但銷量較小量之潤滑油、溶劑油可能用批次生產，對重要客戶指定規格之潤滑油脂是用零工生產或專案生產。這種情況也可能出現在產品之生命週期上，例如剛上市時因數量較少可能採零工生產，一旦市場需求量打開後可能就進到批次生產甚至大量生產。

✚ 本節關鍵字

1. process selection
2. job shop production
3. project production
4. batch production
5. intermittent production
6. repetitive production
7. assembly production
8. assembly line
9. continuous production
10. mark-to-order (MTO)
11. assemble-to-order (ATO)
12. make-to-stock (MTS)
13. conveyor

6.5 設施布置概說

設施與布置的意義

製程選擇與**設施布置**（facilities layout）息息相關，談完了製程選擇後接著要談設施布置。設施布置包含兩個名詞，一是**設施**（facilities）一是**布置**（layout）。

生產或服務所需的機具、設備統稱爲設施。它又可分：

1. 生產服務所用之設施：直接用作生產或服務的機具、設備，這是設施的核心部分。
2. 輔助性之設施：辦公設備、公用設施，如水電等。

布置是指部門、工作中心的設施之組合型態。設施布置就是生產或服務所需的機具、裝備的組合型態。

一般的布置即指設施布置。

設施布置的目標

設施布置設計除了促使工作、物料和資訊能在系統中順暢流動外，還包括：

- 消除不必要的搬動促使物料搬運成本最小化。
- 有效地運用空間。
- 避免物料搬運之瓶頸。
- 生產時間或顧客服務時間最小化。
- 爲了作業的安全、效率與舒適之工作環境。

設施布置之重要性

設施布置是系統設計之一環，因此，它有下列系統設計所具有之三個重要性：

1. 設施布置需投以大量之資金與努力。
2. 設施布置體現企業之長期承諾，事後往往很難修改。
3. 設施布置之良窳對作業之效率與成本有極大之影響。

設施布置之時機

設施布置改變並非常有的事，但在下列情況企業會改變現有設施布置：

- 作業瓶頸，例如運輸成本過高。
- 有作業安全之顧慮。
- 產品或服務之改變，例如推出新的產品或服務。
- 製程或方法改變。
- 環境或法令規定之改變。

布置規劃時物料搬運成本是個重要因素，學界發展許多分析模式來決定物料搬運成本最佳化，我們舉其中最合乎直覺的**最小距離負荷法**（minimum distance load method）為例。最小距離負荷法計算每個方案之負荷與對應之行進路徑距離乘積之和，其值愈小者自然愈佳。若再考慮運輸成本，則以單位運輸成本與距離、負荷三者乘積之和最小者為最佳方案。

例題　為生產 A、B、C 三種零件，需經 5 個工廠加工。表 A 為三種零件須經 5 個工廠加工路徑及每日生產量，現要對此 5 個工廠做布置規劃，備有 I、II 二個方案，表 B 是二個方案之各工廠距離（單位：公尺）(1) 就距離負荷最小之準則下那個方案最佳？(2) 若零件 A、B、C 之每公尺之搬運成本分別為 1、2、3 元那最佳方案為何？

方案

	I	II
布置方案	5 2　4 1　3	1　2 3　4　5

表A

零件	加工路徑	每日產量
A	1→2	1500
B	1→3→4	2000
C	3→4→5	3000

表B

路線	方案I	方案II
1→2	12	9
1→3	15	10
3→4	10	12
4→5	8	20

解

1.

		ℓ	方案I		方案II	
			d_1	ld_1	d_2	ld_2
A	1500	1→2	12	18000	9	13500
B	2000	1→3→4	15 + 10 = 25	50000	10 + 12 = 22	44000
C	3000	3→4→5	10 + 8 = 18	54000	12 + 20 = 32	96000
				122000		153500

∴採方案I

2.

		ld_1	成本	ld_2	成本
A	1	18000	18000	13500	13500
B	2	50000	100000	44000	88000
C	3	54000	162000	96000	288000
			280000		389500

∴採方案I

＋ 本節關鍵字

1. facilities layout
2. facilitied
3. layout
4. minimum distance load method

6.6　基本設施布置型態

基本的布置型態

本節我們除介紹三種基本的布置型態：**產品別布置**（product layout）、**製程別布置**（process layout）、**固定位置布置**（fixed-position layout）外還有**混合布置**（mixed layout）、**單元布置**（cellular layout）及 U 型佈置。

產品別布置

根據產品或服務的流程所做機具設備的布置方式稱為產品別布置。它是將產品之整個流程分成一系列之**工作站**或**工作中心**（work station 或 work center），每個工作站都配有專業化的作業人員與專用之機具設備以進行標準化的加工作業。透過裝配線輸送半製品（WIP），因此便於途程規劃。產品別布置適用於重複性製程，即標準化高的製造業或服務業。

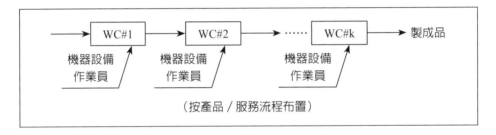

（按產品／服務流程布置）

因為產品別布置適用於重複性流程，因此它的優缺點自然與重複性流程的優缺點有相當之重疊性。

產品別布置的優點
- 因高產出率，故可降低單位生產成本。
- 勞工專業化程度不高，可減少訓練成本和訓練時間。
- 較低的單位物料搬運成本。
- 製程和排程較為定型，因此有利於例行性盤點、採購和存貨管制。

產品別布置的缺點
- 產品別布置因重複性工作造成員工工作枯燥乏味，影響員工工作士氣，連帶地損及產品或服務之品質與生產力。
- 採產品別布置的製造系統大多採平穩生產，個人產出的變異會對生產系統有不利影響，因此對員工的獎勵計畫是不切實際的。
- 勞工對維護設備或提高產出可能興趣缺缺。

- 採產品別布置的製造系統對產出量或產品製造過程設計改變缺乏彈性。
- 採產品別布置的製造系統會因設備故障或高缺勤率而停擺，因此**預防性維護**（preventive maintenance）與備用零件存貨都是必要的。

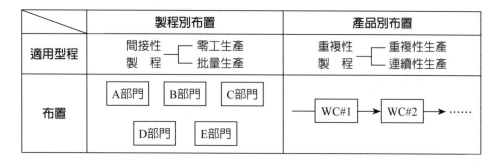

製程別布置

製程別布置是將具有相同或類似的機具設備群聚在一起而形成工作站，因此製程別布置與產品別布置之差異在於前者是按機具設備布置而後者是按產品或服務的流程來布置。製程別布置常見於間歇性製程。因為工作的多樣性故需要經常性調整設備。

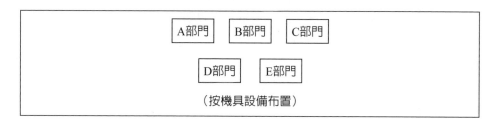

製程別布置的優點
- 製程別布置便於處理不同製程需求的變化。
- 製程別布置使用一般性設備，因此比產品別布置的專業設備要來得便宜，也較容易維護。系統不會因設備損壞而特別容易受到傷害。
- 易於實施人員激勵。

製程別布置的缺點
- 若製造系統是批量生產，在製品（WIP）存貨較高。
- 排程安排難度較高。
- 設備利用率較低，導致機器設備分攤的資本成本較高。

- 物料搬運之單位成本比產品別布置高且沒有效率。
- 比起產品別布置,需要更多的盤點、存貨控制和採購。

固定位置布置

固定位置布置是產品或專案標的物保持固定不動,人員、物料及設備則依作業需要而移動的一種布置方式。因此一個理想的固定位置布置除應保持機具設備、工作人員、物料移動之流暢性外,還要使產品在施工期間移動量最小化。固定位置布置適用於大型營建專案(建築物、發電廠與大型水壩)、造船業、大型飛機與太空火箭的生產等。

混合布置

混合布置(mixed layout)是混合幾種不同的布置型態而成的布置型態。

單元布置

單元布置是以機器群組形成**單元**(cell),在單元內對製程相似的工件進行加工之布置型態。

單元布置之特點

- 單元布置可使企業能在最小浪費下生產多樣化的產品。
- 單元布置可有效地促進單元布置設計之技術
- **快速換模**(single-minute exchange of die, SMED):快速換模也稱為十分鐘換模,我們將在第 11 章〈及時生產〉中說明。
- 最佳化設備:單元布置比傳統的製程別布置小而且能快速地重新組裝成不同的單元布置。

綜上單元布置有彈性、低成本與效率之優點。

U形生產線

U 形生產線是及時生產(JIT)之布置方式,即按製程加工之方式將機器做 U 形布置,這種布置有一個特色就是出入口都在一處,因此當一個單位工件離開出口處就是另一個工件進入入口處。

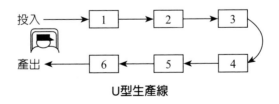

U型生產線

U 形生產線的優點:

- U 形生產線上作業人員係按生產節拍生產,除維持生產線平衡外,而線上

之工件亦得以保持一定數量，因此不僅有利於將存貨降至最低外也便於實施**源頭管理**（source management）。

- U 形生產線較為密集，長度只有直線生產線的一半，故可使物料搬運最小化。
- U 形生產線上的作業人員各有其責任作業區，可激起作業人員的責任感與工作熱忱。
- U 形生產線有利於員工間的溝通，故能提升員工間的團隊合作與協調，此外亦可目視到現場的問題，如：作業人員工作負荷是否失衡、製程之潛在及發生中的問題等。
- U 形生產線使得工作指派相對較具彈性。

製造業設施布置的趨勢

快速地變更產品線以及調整生產率是當今設施布置的設計方向，因此：

1. 裝配線朝 U 型布置。
2. 工廠布置將朝小而精緻化的設計。
3. 減少工作站與工作站間之間隔或分隔物，以使工作站間有寬敞的視野以便於作業人員之溝通與支援。
4. 自動化搬運系統如自動導引車（AGV）、IR 與**自動貯存與擷取系統**（automatical storage and retrieval system, AS/RS）之引入。
5. 存貨儲存空間越來越小。
6. 布置規劃時應保有彈性空間以便未來需重新布置時能從容調整。

服務業布置

服務業布置設計的兩個重要關鍵因素：

1. 顧客接觸程度。
2. 客製化程度。

服務業布置亦可分類為產品別布置、製程別布置或固定位置布置，與製造業的布置規劃類似，故不贅述。

✚ 本節關鍵字

1. product layout
2. process layout
3. fixed-position layout
4. mixed layout
5. cellular layout
6. work station
7. work center
8. WIP
9. preventive maintenance
10. single minute exchange of die (SMED)
11. source management
12. automatical storage and retrieval system (AS/RS)

6.7 生產線平衡

生產線平衡的意義

若生產線達到平衡，那麼生產線閒置的時間為最小，這時之勞工與設備利用率為最大。因此**生產線平衡**（line balancing）之目的是把部份工作站合併，以使合併後的各工作站負荷（工作時間）大約相同。但因技術、工序，尤其有些工作或設備需求是不相容的，這使得建立一個理想的生產線平衡會面臨很多障礙甚至不可行。

為什麼要生產線平衡？

企業進行生產線平衡之目的在於：
1. 使勞工與設備利用率極大化。
2. 作業部門可以在平衡的生產線上實施單元生產，並實現彈性製造系統（FMS）對生產應變能力、市場之快速反應（QR）有重大助益。
3. 實現「**一個流生產**」（one stream production），所謂一個流生產是指每個工序上只有一個工件在流動。一個流生產是及時生產（JIT）的要素，它有助達到零存貨之目標。
4. 其他：生產線平衡後還有降低成本、縮短前置時間等生產利益。

生產線平衡之計算

在平衡生產線前都先繪製**先行關係圖**（precedence diagram）。將作業順序是從左至右依序排列，若作業 a 完成後才能進行作業 b，那稱 a 是 b 的先行作業。

例題　　一個工作包含 5 個作業，它們的工序關係與作業時間如下

作業	先行作業	作業時間（分鐘）
a	–	2
b	a	5
c	–	4
d	c	3
e	b、d	6

則先行關係圖為 a — b ＼
　　　　　　　　c — d — e

週期時間與理論最小工作站數

由週期時間可算出理論上最小的必要工作站數：

$$週期時間 = \frac{每天作業時間}{期望產出}$$

假如一天工作時間為 8 小時 = 480 分，每天生產 60 個單位，則週期時間 $= \frac{480}{60} = 8$（分鐘／單位）

有了週期時間便可應用下列公式求出理論上最小的必要工作站數，以 N_{min} 表示，

$$理論上最小的必要工作站數\ N_{min} = \frac{\Sigma t}{週期時間}，\Sigma t\ 為所有作業時間之總和$$

再用上述之數據，一天工作 8 小時，生產 240 個單位之條件下，

$$理論上最小的必要工作站數\ N_{min} = \frac{20}{8} = 2.5 \approx 3$$

分配作業到工作站

我們可用啟發式解法安排工作分派，注意的是每個工作站之最初剩餘時間為週期時間。

工作站	剩餘時間	指派作業	修正剩餘時間	閒置時間
1	8	a	8 − 2 = 6	
	6	b	6 − 5 = 1	
	1	−		1
2	8	c	8 − 4 = 4	
	4	d	4 − 3 = 1	
	1	−		1
3	8	e	8 − 6 = 2	2
				4

∴把作業 a、b 併入工作站 1，c、d 併入工作站 2，作業 e 單獨在工作站 3，如此總閒置時間為 4 分鐘。

✚ 本節關鍵字

1. line balancing
2. one stream production
3. precedence diagram

第7章
工作設計與衡量

7.1 導論

作業人員在生產系統的各種活動中均扮演重要角色，即便在高度自動化的今日，自動化機械設備之開關、監督、資訊回饋之處理、故障之排除等仍需靠人來作業，因此作業人員之重要性仍絲毫未減。

本章以作業人員之相關議題作為探討之主軸，包括工作生活的品質、工作設計、方法分析與工作衡量四個部分。本節先就工作設計之先驅們之研究作一介紹。

工作設計的作業先驅們

工作設計（job design）是作業管理最早的題材之一，它可追溯自早期工業工程及工業管理的先驅們對作業人員的工作做心理的、生理層面的探究。我們就以吉爾伯斯夫婦（Frank B Gilbreth, 1868-1924; Lillian Gilbreth, 1878-1972）、梅約（Elton Mayo, 1880-1949）與泰勒（Frederick W. Taylor, 1865-1915）四位的貢獻為例說明：

吉爾伯斯夫婦

吉爾伯斯任職營建業期間，藉由觀察工人的砌磚動作與速度之關聯性找出工作效率最高的動作方式，並藉由工人手的動作，找出十七項分解動作稱為**動素**（therbligs，讀者可看出 therblig 幾乎是 Gilbreth 的倒寫，除了 t、h 外並加了 s）（動素為組成工作之最基本動作元素），由此找出最佳方法。吉爾伯斯也開創了**時間與動作研究**（time and motion study）之先河。

吉爾伯斯提出**動作經濟原則**（priniciple of motion economy）也稱為省工原則，這是研究以最小「工」的投入，產生最有效率的效果，達成作業目的之原則。作業是動作的組成。歷經工業工程師們研究增添，動作經濟原則分為三大類：包括人體的動作、工作場所的布置以及工作設備的設計，將省工的原則歸納出以下四點：

1. 同時使用兩手。
2. 避免不必要的動作。
3. 盡可能減少動作距離，避免全身性動作。
4. 力求舒適的工作環境，減少動作難度，避免不合理的工作姿勢或操作方式。

梅約

梅約在 1924-1932 年間在美國芝加哥附近之西屋企業霍桑實驗室進行了一連串的實驗統稱為**霍桑實驗**（Hawthrone experiment），這個實驗包括外部環境影響條件（如照明、溼度等）、心理影響因素（如休息間隔、團隊壓

力、工作時間、管理者的領導力）與生產效率之關係。

泰勒

泰勒是一位機械工程師，他在 1911 年出版之《**科學管理之原則**》（*Principle of Scientific Management*）揭櫫四個基本原則。

1. **動作科學原則**（principle of scientific movement）：以科學方法代替工人的經驗法則。
2. **科學遴選工人原則**（principle of scientific worker selection）：以科學方法選擇及訓練工人。
3. **合作及和諧原則**（principle of cooperation and harmony）：在工人與管理者間建立熱忱合作之精神以確保工作可按科學化程序完成。
4. **最大效率原則**（principle of greatest efficiency and prosperity）：管理者與工人分掌最適宜的工作，避免將大部分工作及責任歸諸工人。

此外，泰勒在工廠管理、時間研究、論件計酬等方面也都有建樹，因此有管理科學之父與工業工程之父之美譽。

人因工程

泰勒、吉爾伯斯夫婦等以科學方法代替工人的經驗法則逐漸發展出**工業工程**（industrial engineering, IE），人因工程是其中一個重要分支。

人因工程（ergonomics, human factor engineering）又稱**人體工學**，是研究如何將人和機器、環境的相互作用下做合理的結合，在適合作業人員的生理和心理之條件下，提高生產效率並顧及作業人員的安全、健康和舒適的一門工程技術。工作環境屬人因工程之領域，因此本章部分內容與人因工程有關。

➕ 本節關鍵字

1. job design
2. therbiligs
3. time and motion study
4. principle of motion economy
5. principle of scientific movement
6. principle of scientific worker selection
7. principle of cooperation and harmony
8. principle of greatest efficieney and prosperity
9. industrial engineering (IE)
10. ergonomics
11. human factor engineering

7.2　工作生活的品質（一）：工作環境

工作生活的品質可分工作環境與獎薪制度二個面向。

工作環境

工作環境是工作設計的一環，工作環境中的**溼度**（humidity）、**通風**（ventilation）、**照明**（illumination）、**噪音**（noise）、**溫度**（temperature）等都對作業人員工作時的心理或生理造成影響，甚至衝擊到企業之生產力、產出品質乃至工作安全。茲分述如下：

溫度與溼度

作業人員在高溫的作業場所容易倦怠，低溫容易造成注意力分散，且溼度會影響到人們對溫度的感受，溼度越高人們對溫度敏感度也越高，因此在夏季雨天比晴天更需要冷氣。工作場所溫度設定也因工作人員之勞動度而定，勞動強度大的作業溫度以偏低為宜。

通風

工作環境中之空氣汙染主要來自作業人員排出的二氧化碳與製程中產生的粉塵、蒸氣、化學物質等，這些都會直接影響到作業人員之健康。工作場所空氣必須流通，空氣流通速度以 0.3-0.4 米／秒為宜，否則不僅會妨礙到工作場所汙染空氣的排放，也會影響到作業人員的情緒。因此工作場所多會加裝空調設備或大型電扇。注意的是冷暖氣通風口不要直接對人。

照明

工作場所應有適當的照明。不同的工作對照明品質有不同的要求，工作越精細者對照明品質要求也越高。工作場所最好是自然採光否則就要用人工照明，光線分布應均勻，並避免有**眩光**（glare）。

噪音與震動

噪音就是人們**不要的聲音**（unwanted voice），它可能來自機器的**震動**（vibration）、螺絲鬆動、滑油未按時加注、機器磨耗或故障等。噪音在 30-40 分貝時就會讓人分心，若長期處在 65 分貝以上之工作環境就會傷害到作業人員的聽力、中樞神經等，因此噪音場所工作時依規定要配戴耳塞。減少噪音最重要的還是要從噪音源著手，包括機器的維護保養、潤滑、加底墊或穩定器，必要時可用隔音板將噪音侷限在某個區域。

安全

安全在工作場域中絕對是不可或缺而且必須放在第一位。

現場意外事件發生的基本原因有二，一是員工疏忽，另一個是危險源。

1. 員工疏忽：作業人員不按規定配戴安全配具（例如：在工地未戴安全帽、護目鏡、未著安全鞋等）、不當使用工具、忽略安全程序等。
2. 危險源：機器設備無保護裝置、室內照明不足、有毒廢棄物、乙炔鋼瓶或瓦斯鋼瓶之放置不當、室內環境之維護雜亂等都是。

解決現場安全問題從 5S 著手是一個有效的途徑。

5S

5S 是日本現場管理最重要的第一步，它雖無任何新奇之處，但對工廠之安全衛生、品管都有顯著的功能，因此說 5S 是改善企業體質之必要手段亦不為過，它包括以下內容：

1. **整理**（seiri）：將現場的東西區分「要」與「不要」兩類，然後把不要的東西清理掉。
2. **整頓**（seiton）：把整理後要的東西以定位、定量地擺放整齊，並標示清楚。
3. **清掃**（seiso）：將現場進行清掃，清除髒污。
4. **清潔**（seiketsu）：把整理、整頓、清掃之作法制度化，徹底執行並予以維持下去。
5. **教養**（shitsuke）：養成遵守紀律的工作文化，並依正確的方法持續地做下去。

上述名稱之第一個羅馬拼音都是以 S 為首，故稱 5S。

✚ 本節關鍵字

1. humidity	5. temperature
2. ventilation	6. glare
3. illumination	7. unwanted voice
4. noise	8. vibration

7.3 工作生活的品質（二）：獎薪制度與其他議題

獎薪制度

獎薪制度包括薪資與獎工兩個大項。如何建立一個合理又具有激勵性的獎薪制度一向為企業所重視，這原本是人力資源（HR）管理的重要內容，因此本書僅作簡扼的說明。

1. 薪資：企業會綜合當地之物價水準、勞動力市場之供需情形、工作之特殊性、年資、同行類似工作之薪資水準等因素來決定薪資標準。薪資可分**按時計酬制**（time-based system）與**按件計酬制**（output-based system）兩種。

   (1) 按時計酬制：依員工在薪資給付期間（給付期間可能是一週或是一個月）內計薪支付，其計薪方式與員工工作數量、品質無關，因此對員工不具有激勵性。按時計酬制常用於辦公室人員。

   (2) 按件計酬制：按員工在一定時間內的生產量計薪，採按件計酬制的員工通常沒有底薪或者底薪較低。這種計薪方式對員工之生產力有激勵的作用，但員工可能為增加生產量而忽視品質。

2. 獎工制度：**獎工制度**（incentive system）是企業為提升工作績效所做的一種激勵報償，它可分為個人獎工制度與集體獎工制度兩種。

   (1) 個人獎工制度：個人獎工制度有許多形式，以其中之**直接計件制**（straight piece）為例，若超出工作標準除基本底薪外還有**獎金**（bonus）。

   (2) 集體獎工制度：集體獎工制度又可分好幾種。

   ①**利潤共享**（profit sharing）：公司有利潤時將利潤撥出一定比率做為獎金。

   ②**利得共享**（gain sharing）：按公司可控成本降低之程度來計算獎金。

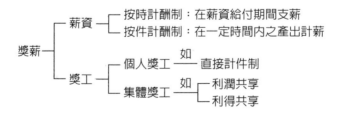

工作生活品質的其他議題

工作生活品質的其他議題裡，我們將討論工作時間與休假、職業健康與照護。

1. 工作時間與休假：傳統上員工是在規定的時間內上、下班，現在有越來越多的企業採彈性工時制，以使員工在工作上享有更大的自主權去完成工作或達到工作績效。員工可利用週期性休假來調整工作步調或自我充實。彈性工時、員工責任制與適度之例休，對員工工作士氣有莫大助益，而有利於提升生產力與工作品質。

2. 職業健康與照護：我們在 7.2 節已談到工作環境的安全。工作安全和意外控制惟賴作業人員與管理者之攜手合作。美國在 1970 年成立之**職業安全與衛生管理局**（Occupational Safety and Health Administration, OSHA），以明確的規範並輔以隨機抽查的方式，去確保組織內員工均能擁有健康、安全的工作環境。OSHA 對不合格項目可提出警告、罰鍰甚至透過法院勒令停工。我國各地方政府之勞檢單位亦有類似的功能。此外，企業之作業現場的職災自主檢查、勞工定期健檢、勞工保險以及勞工教育都是企業落實職業健康與照護之體現。

➕ 本節關鍵字

1. time-based system
2. output-based system
3. incentive system
4. straight piece
5. bonus
6. profit sharing
7. gain sharing
8. Occupational Safety and Health Administration (OSHA)

7.4 工作設計概說

　　現場的工作多屬例行性，工作單調且不容易有成就感，工作設計的目的在於找出一種既能提升生產力又能滿足員工滿足感的工作方法。

工作設計

　　工作設計詳細說明作業人員工作內容與工作方法，5W1H是工作設計思維的方向，何事（what）：工作內容；何人（who）：執行這項工作所需的資格；何時（when）：執行工作之作業流程有多長；何處（where）：何處執行工作，即工作場所；為何（why）：任務的重要性；如何做（how）：執行任務的方法、作業應用的設備或工具等。

　　工作設計可分兩個不同的派別：

1. **效率學派**（efficiency school）：著重工作設計的效率與邏輯，效率方法是泰勒的科學管理所強調的。
2. **行為學派**（behavioral school）：著重如何滿足作業人員的欲望與需求，行為方法一直對工作設計有深厚的影響迄今。

專業化

　　專業化（specialization）是專門從事某項的工作或服務，工作範圍狹窄，如專科醫師、律師、組裝線工人、專做生日蛋糕的蛋糕師傅、計程車司機等都是。除了專科醫師、律師這類知識含量高、社會經濟地位高的專業人士外，一些工作單調之低階專業化工作者對過分細分化的工作容易產生厭煩、沒成就感這會直接波及生產力。1973年《工作在美國》（*Work in America*）一書即指出人們對工作不滿的原因是來自工作的本身，包括：

1. 工作被專業化、細分化，人們對工作漸失成就感。
2. 作業人員的工作自主性漸漸被剝奪。

工作動機

　　人們工作絕非僅因為薪資，它還有社會地位、使命感與自我實現等，這些都是人們的工作動機。此外，作業人員與管理者間之相互信任更是影響工作動機、勞資關係與生產力之重要因素。若管理者與作業員間有良好之互信基礎，管理者較偏向賦予員工較多的責任，而員工也較會以正面的回應作為回饋。這是行為學派之主張。

工作設計的行為方法

　　上世紀70年代以後，美國因為教育水準普遍提高，導致個人對工作的期許已從實質報酬轉向重視工作內涵，因此企業在工作設計時，**工作擴大**（job enlargement）、**工作輪調**（job rotation）、**工作豐富**（job enrichment）都屬工作設計之重要的行為方法，目的即在使作業人員認同自己的工作，從工作獲

得成就感。

工作擴大：在作業人員現有的技術與責任水準下，擴大作業人員的工作範圍與內涵。

工作輪調：定期地將員工在不同職務上調動，除了要激起作業人員工作之熱情外，也希望被輪調者能在輪調過程中學習更多其他工作所需的技能。工作輪調時應避免作業人員在還沒完全進入情況前又調到其他部門，結果落成樣樣通卻樣樣鬆的情況。

工作豐富：每一位作業人員都可以規劃自己的工作，調整自己的工作進度，也可按自己訂定的產品水準自行檢查產品的品質。

工作擴大與工作豐富之不同處在於工作擴大是**水平工作負荷**（horizontal job loading）工作豐富是**垂直工作負荷**（vertical job loading）。

社會科技系統

企業在引進新的科技或管理系統時，常因與員工過往的作業慣性有所出入或要重新學習陌生的領域，而產生不同程度的抗拒。因此企業在引入新科技或新的管理系統時都會有一個所謂的**社會科技系統**（sociotechnology system）來緩和這些抗拒，包括：

- 在**工作多樣化**（task varity）與**技術多樣化**（skill varity）間取得平衡。
- 回饋：作業人員之工作量達到規定時應有獎勵，否則要有適當的處分。
- **工作認同**（task identity）：每個工作都有明確的定義好讓員工認同他的工作而產生責任感。
- **工作自主性**（task autonomy）：員工能有相當程度之自主權去調整工作之進度、自我檢查等。

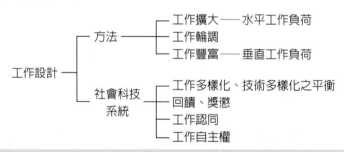

```
                        ┌── 工作擴大 ── 水平工作負荷
                 方法 ──┼── 工作輪調
                        └── 工作豐富 ── 垂直工作負荷
工作設計 ──┤
                        ┌── 工作多樣化、技術多樣化之平衡
                 社會科技├── 回饋、獎懲
                 系統    ├── 工作認同
                        └── 工作自主權
```

✚ 本節關鍵字

1. efficiency school
2. behavioral school
3. specialization
4. job enlargement
5. job rotation
6. job enrichment
7. horizontal job loading
8. vertical job loading
9. sociotechnology system
10. task varity
11. skill varity
12. task identity
13. task autonomy

7.5　方法分析與動作研究簡介

方法分析（methods analysis）是研究工作如何執行：對現在正在進行中的工作，方法分析是從調查工作者工作的操作方式提出修正與改善；對新的工作，則是了解工作的細節以及執行能力所需具備的要素。方法分析是改善生產力之重要手段。

方法分析之時機

企業在面臨下列情況都會考慮應用方法分析：
- 新產品導入或產品設計變更。
- 製程改變。
- 法令或合約規定之改變。
- 設備變更帶動作業方法改變。
- 其他：如品質不良率超過預設標準、工安事件……等。

分析改進工作之輔助圖表

分析者可利用**流程程序圖**（flow process chart）與**人機圖**（worker-machine chart）來對工作進行分析與改良。

流程程序圖

流程程序圖是由操作、搬運、儲存、延遲與檢驗五個元素組成，分析者可利用流程程序圖來監控整個作業流程，尤其在分辨非生產部分的流程。分析者可由流程程序圖回答或檢討下列問題：
- 某個定點會有延遲或暫存？
- 如何縮短搬運距離？是否能簡化搬運流程？
- 如何使工作場所的配置更有效率？
- 如何重組相似的活動？
- 是否還有改善的空間？
- 添購設備或改善現行設備是否有助於提升工作效率？
- 員工是否有改善的意見？

我們以作業人員請假為例說明流程程序圖：

請假流程程序 動作敘述	操作	搬運	檢驗	延遲	儲存
1. 填寫申請單	⬤	⇨	☐	◠	▽
2. 申請書放到公文卷宗籃	◯	⇨	☐	◠	▽
3. 服務人員將公文卷宗籃送到主管處	◯	⇨	☐	◠	▽
4. 主管核定	◯	⇨	■	◠	▽
5. 核定後假單放到公文卷宗籃	⬤	⇨	☐	◠	▽
6. 假單送給請假人員	◯	⇨	☐	◠	▽
7. 歸檔	◯	⇨	☐	◠	▼

人機圖

由人機圖可了解機器設備與作業人員在一個操作週期（即加工完一個工件的操作週程）中忙碌及閒置的時間之分布情形，以及作業人員與機器何時是獨立作業、何時彼此相依以及何時工作重疊，從而可決定作業人員可以操作管理機具設備的機數。

動作研究

動作研究（motion study）是針對作業員工作的動作做系統化的研究，其目的在於除去不必要的動作，確定動作之最佳順序及是否已達最佳效率。

動作研究最常用的方法有：

1. 動作研究原則：**動作研究原則**（motion study principles）又可分成下列三個方面。
   (1) 人體運用的原則。
   (2) 工作地點安排的原則。
   (3) 工具與設備設計的原則。
2. 動素分析：動素是作業員工作之最小單元，最主要有：搜尋、選取、緊握、持住、移動與放下物件五類。緊握、持住的差別是，持住為持續地緊握物件。
3. 其他：**細微動作研究**（micromotion study）與圖表。

✚ 本節關鍵字

1. methods analysis	4. motion study
2. flow process chart	5. motion study principles
3. worker-machine chart	6. micromotion study

7.6 工作衡量

工作衡量（work measurement）是研究一位作業人員完成一件工作所需的時間。上節的重點是工作之執行與改善，而本節的重點則是決定工作時間有多長。工作衡量常用的方法有**馬表時間研究**（stopwatch time study）、歷史性時間資料、**預定時間標準**（predetermined time standard）與工作抽樣四種。我們將介紹其中的馬表時間研究與工作抽樣。

馬表時間研究

馬表時間研究適合短期性、重複性的工作。它是用**馬表**（stopwatch）來衡量一位合格的作業人員在一定的作業環境下，用標準的作業方法來完成一件工作所需的時間，這個時間稱為**標準時間**（standard time）。

馬表時間研究的基本步驟

馬表時間研究的基本步驟如下：

1. 對要研究的工作予以定義並告知被研究者。
2. 求出觀察的週期數。
3. 測定工作時間並對員工的工作績效予以評等。
4. 計算標準時間。

馬表時間研究裡之樣本個數（即被調查人數）之決定要應用到統計學的概念。根據統計學理論樣本個數 n ≧ 30 時為**大樣本**（large sample），否則為**小樣本**（small sample），小樣本且母體標準差未知之情況下，是要用 **t 分配**（t-distribution）但是在作業管理習慣用**常態分配**（normal distribution）主要是因為常態分配較易使用，且兩者誤差不大。

觀察次數n之決定

$$n = \left(\frac{zs}{e}\right)^2$$ 其中z：信賴係數，s：樣本標準差，e：最大誤差

說明：

$$e = |\bar{x} - u| = \frac{zs}{\sqrt{n}}$$

$$\therefore n = \left(\frac{zs}{e}\right)^2$$

最大誤差 e 也常用 ± 樣本平均數之 α% 來表示，則 e = αx̄；x̄ 為樣本平均數或由研究者主觀定之，則 $n = \left(\dfrac{zs}{\alpha \bar{x}}\right)^2$

α：信賴水準（%）	90	95	95.5	98	99
z	1.65	1.96	2.00	2.33	2.58

常用z值

例題 1. 若根據以往時間研究之調查，某工作所需時間為 x̄ = 8.0 分鐘，s = 2 分鐘，若在信賴水準 95.5%，則 (a) 最大誤差 e = 0.5 分鐘下之觀測次數為何？(b) 若用樣本平均數之 5% 做為最大誤差，那麼觀測次數又為何？

解　(a) $n = \left(\dfrac{zs}{e}\right)^2 = \left(\dfrac{2 \times 2}{0.5}\right)^2 = 64$

(b) $n = \left(\dfrac{zs}{\alpha \bar{x}}\right)^2 = \left(\dfrac{2 \times 2}{0.05 \times 8}\right)^2 = 100$

時間標準之訂定

有了觀測次數後便可求時間標準，時間標準之訂定有三個步驟：

1. 先求觀測時間

觀測時間（observed time, OT）是記錄一個合格之作業人員完成一個工作實際所需時間之平均數：

$$OT = \dfrac{\sum\limits_{i=1}^{n} x_i}{n}$$

x_i：第 i 次觀察記錄　　n：觀察次數

2. 次求正常時間

觀測時間（OT）經績效評比調整後便得到**正常時間**（normal time, NT）：

$$NT = \sum\limits_{i=1}^{n} (\bar{x}_i \times PR_i)$$

$\bar{x}_i$：第 i 單位之平均時間
PR_i：第 i 單位之績效評比

3. 最後求標準時間

正常時間（NT）用**寬放因子**（allowance factor, AF）調整後便可得到**標準**

時間：

$$ST = NT \times AF$$

寬放因子包括作業人員之生理需求（喝水、吃飯、休息等），以及不可避免之延遲等。

在此要注意的是：AF 是以工作時間爲基準外加還是工作天之工作時間百分比來計算，亦即 AF 是外加還是內含在工作時間而有不同之算法：

若 A 爲工作時間之寬放百分比，則

(1) 寬放基於工作時間則 $AF = 1 + A$

(2) 基於工作天爲基礎之寬放百分比則 $AF = \dfrac{1}{1 - A}$

例題 2. 若一工作可分 3 個單元施作，由時間研究，測得 4 個週期之觀測時間如下：

單元	績效評比	觀測時間（分鐘）			
		1	2	3	4
1	0.8	2.2	1.3	3.0	1.5
2	1.0	1.8	2.0	1.8	0.8
3	1.2	2.1	1.9	1.8	0.6

求 (a) 每單元之觀測時間。(b) 求正常時間。(c) 若定寬放因子爲 15%（以工作日爲基礎）求此工作之標準時間。

解 (a) 單元 1：$OT_1 = \dfrac{1}{4}(2.2 + 1.3 + 3.0 + 1.5) = 2$（分鐘）

單元 2：$OT_2 = \dfrac{1}{4}(1.8 + 2.0 + 1.8 + 0.8) = 1.6$（分鐘）

單元 3：$OT_3 = \dfrac{1}{4}(2.1 + 1.9 + 1.8 + 0.6) = 1.6$（分鐘）

(b) 由 (a) $\bar{x}_1 = 2$，$\bar{x}_2 = \bar{x}_3 = 1.6$，又 $PR_1 = 0.8$，$PR_2 = 1.0$，$PR_3 = 1.2$

$\therefore NT = \sum\limits_{i=1}^{3} \bar{x}_i \times PR_i = 2 \times 0.8 + 1.6 \times 1.0 + 1.6 \times 1.2 = 5.12$（分鐘）

(c) $AF = \dfrac{1}{1 - 0.15} = 118\%$

$\therefore ST = NT \times AF = 5.12 \times 118\% = 6.02$ 分鐘

工作衡量之限制

工作衡量在實施上有一些限制：

- 創意或非例行性的工作會被摒除在衡量之外，其實這些工作也不適合做工作衡量。
- 在實施中會因打斷日常工作而遭致被調查者不滿。

工作抽樣

工作抽樣（work sampling）是針對某特定作業隨機地挑選操作人員或機器設備進行觀察工作時間與閒置之比率，主要用於：

1. 延遲比率之調查：包括作業人員之不可避免的延遲原因、機具設備閒置時間的百分比。
2. 非重複性工作的分析：我們之所以要分析非重複性工作，主要是因為非重複性工作通常比重複性工作所需的技術層面要高，並且非重複性工作的作業員通常是按工作所需最高技術做為支薪的標準。

工作抽樣所估計的時間或比率可近似地視為實際所需的時間或真實比率，估計值與實際值的差異稱為誤差。如果有了信賴係數與最大誤差（error），我們便可由比率 p 的估計量 $\hat{p}$（若無法得到 p 的估計值，通常令 $\hat{p} = 0.5$），從而求出**樣本個數**（sample size）。為了簡便計，我們通常用常態分配求出樣本個數。

時間研究之步驟

1. 確認要研究之員工或機器。
2. 將研究目的告知員工或領班，以免引起不必要的猜疑或抗拒。
3. 用 $\hat{p}$ 估算樣本大小。
4. 安排觀測所需之排程。
5. 進行觀測。
6. 估算特定作業時間比例之估計值。

公式 $n = \left(\dfrac{z}{e}\right)^2 \hat{p}(1 - \hat{p})$，$\hat{p}$ 為母體p之估計量，e為最大誤差，n為取樣個數

證明

大樣本下，$\hat{p} \sim n(p, \dfrac{p(1-p)}{n})$ 通常用 $\hat{p} \approx p$ 則

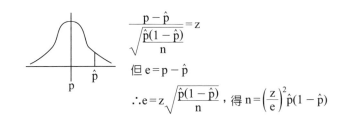

$$\frac{p - \hat{p}}{\sqrt{\dfrac{\hat{p}(1 - \hat{p})}{n}}} = z$$

但 $e = p - \hat{p}$

$$\therefore e = z\sqrt{\frac{\hat{p}(1 - \hat{p})}{n}} \text{ , 得 } n = \left(\frac{z}{e}\right)^2 \hat{p}(1 - \hat{p})$$

例題 3. 為了分析現場換模所需時間，根據過往之統計，工作時間之估計值約為實際值之 20%，若採 250 個樣本，求 (a) 最大誤差 e = ？(b) 在 90% 之信賴水準下，若最大誤差在 ±5% 以內，求樣本個數。

解　$\hat{p} = 0.2$，$z = 1.65$

$$\therefore \text{(a) } e = z\sqrt{\frac{\hat{p}(1 - \hat{p})}{n}} = 1.65\sqrt{\frac{0.2 \times 0.8}{250}} = 1.65 \times 0.008 = 0.0132$$

$$\text{(b) } n = \left(\frac{z}{e}\right)^2 \hat{p}(1 - \hat{p}) = \left(\frac{1.65}{0.05}\right)^2 0.2 \times 0.8 = 174$$

有了樣本個數後我們便可進行隨機式調查，並作出統計。時間可由調查者立意決定或應用**亂數表**（random number table）決定。

工作抽樣之調查表

觀測	時間	忙碌	空閒
A	8：16	✓	
B	9：23	✓	
C	10：35		✓
H	15：00	✓	
I	16：10		✓

日　期：　　年　　月　　日
調查者：

+ 本節關鍵字

1. work measurement
2. stopwatch time study
3. predetermined time standard
4. stopwatch
5. standard time
6. large sample
7. small sample
8. t-distribution
9. normal distribution
10. observed time (OT)
11. normal time (NT)
12. allowance factor (AF)
13. work sampling
14. error
15. sample size
16. random number table

第8章
選址規劃

8.1　選址決策

　　選址是個策略性的決策，攸關企業之長期承諾，一旦決策付諸實施後，投入資金龐大且很難改定，選址也侷限產品服務未來發展，因此選址決策攸關企業未來長期營運。

選址決策之時機

　　選址決策對企業而言並非常有的事，但企業面臨下列這些情形就必須進行選址決策，例如：
- 企業要進入某一外國市場，因此必須在國外設廠或營運據點。
- 服務業者的店面租約到期房東不續約，就必須另外覓址營業。
- 零組件或原物料之供應商，因為國際大廠西進大陸必須隨之遷移。
- 因政府或國際的政治經濟情況改變。如 2018 年起中美貿易戰起，許多台商因當初赴陸設廠的誘因消失以及大陸輸美關稅的問題，必須撤陸回台或到東南亞設廠。
- 因為關稅或獎勵投資優惠等誘因。

　　近來很熱門的網路行銷，只需網路即能進行營運活動，故對工作場址並非他們的關切點。

選址決策的目標

　　組織選址決策的目標是多元的，例如：**非營利組織**（non-profit organizatons, NPO）是以達到成本與提供顧客服務水準之平衡，對一般企業而言，選址決策必須遵循企業策略，例如採低成本策略的企業，降低成本將是選址決策之最重要的考量，若是採差異化策略之企業，尤其高科技企業，可能會對高素質勞工來源是否充足、附近有無可提供技術支援之大學或研究機構將會多一些考量。

　　企業在供應鏈上之角色亦左右企業選址之決策。

企業選址之可能方案

　　企業在選址規劃時可有以下之可能方案：
1. 擴充現有的設施。
2. 新增一個地點但仍保有現有的地點。
3. 結束一個地點並遷移至另一個地點。
4. 企業不做任何選擇。

企業選址方案考慮之面向

一旦企業決定選址，考慮之面向至少包括：

- **基礎建設**：道路與交通設施是否完善，包括連外道路是否順暢？水電供應是否充足？是否有中斷之虞？通訊設施，尤其網路流量速度是否足敷應用？**基礎建設**（infrustructure）不良所衍生之成本可能會把勞工、運輸、原物料、能源所節省之成本抵銷掉。
- 需要多大的建設面積？購地時會不會有困難？購地成本為何？
- 特殊的地理條件，土地之地質條件，包括：地面承載力、坡度、排水，以及是否要填陸或整地？
- 特殊的天候條件，包括：是否會有洪水？是否有極端天候？酷暑或酷寒？
- 設址地點是否須近鄰港口或機場、近未來市場或供應商之要求？
- 財務的考量，包括租稅成本，例如在地價稅或房屋稅上是否有優惠或減免的好處，並對建廠成本及相關設施投資的經濟評估。
- 勞工來源是否足夠？素質如何？工會是否強勢？當地勞工文化？如：是否經常性罷工？工作態度如何？以及在旺季或臨時插單時是否能配合加班等。
- 若需高科技的企業，要考慮附近是否有大學或研究機構以便就近提供技術支援？
- 未來地點的相關服務設施是否完善？如：銀行、郵局、快遞運輸服務、醫院甚至保全服務等。
- 當地政治是否穩定？治安、官員廉潔、環保及相關商業法規是否完善而合理？

✚ 本節關鍵字

1. non-profit organizatons (NOP)　　　　　　2. infrustructure

8.2 全球化下企業選址決策

全球化與選址決策

　　二次大戰後因為**北美自由貿易協定**（North American Free Trade Agreement, NAFTA）、**關貿總協定**（General Agreement on Tariffs and Trade, GATT），近來又有由中、日、韓、印、紐、澳及東協自由貿易協定六國蘊釀之**區域全面經濟夥伴關係協定**（Regional Comprehensive Economic Partnership, RCEP）等打破了國與國間貿易和關稅之壁壘。再加上 ICT 之突飛猛進，尤其網際網路、e-mail、**視訊會議**（video conferencing、conference call 或 concall）等都與**全球化**（globalization）這個議題持續地炙燃。

　　全球化意味著你可以利用別國的資源進行生產，攻占別國市場，相對地，別國企業也可以在你的國家設廠，或在你的國家和你的產品進行 PK。因此，歷經五十年，有一些企業因全球化而得益，當然也有很多企業因而消失無蹤。

　　總結全球化對企業能帶來哪些利益、缺點、風險如下：

　　一、利益
1. 市場：全球化經營下使得企業得以擴張海外市場，能對市場需求得以適時而合宜之調整或快速反應。
2. 成本：全球化經營可節省的成本有運輸成本、勞工成本、原料成本以及稅。
3. 法規：若能在較寬鬆之勞動、環保法規以及有利的責任規範，確實可享有產銷之便利。
4. 財務：在他國生產並販售產品可避免匯兌之影響，有時可享當地國家之獎勵投資所設之誘因。

　　二、缺點
1. 勞工：不同文化可能造成管理困難，勞工專業低，會增加訓練之費用，而偏低之出勤會影響產能，工會如果過於強勢會使企業在當地業務難以推動。
2. 成本：不良之基礎建設、長距離之運輸成本會抵銷掉所省之勞工與原料成本，此外當地治安不佳、失竊頻傳等都會增加勞動成本。
3. 進口限制：有些國家有優先引用當地的供應商或原料之限制，以致會影響到製程或產品品質等。

三、風險

1. 政治：有些國家政治不穩定常會推翻原先政府之承諾，另恐怖主義盛行對人員、財產當然會造成風險。
2. 經濟：經濟不穩定，通貨膨脹或緊縮影響企業獲利。
3. 法律：法律、規章可能會改變，減少企業獲利。

全球化之企業選址決策

　　因此，全球化下企業選址之面向，除了 8.1 節所述之考慮面向外，還要檢視前述之全球化的利益是否存在，以及全球化的缺點及風險是否能為企業所承擔或迴避？

　　具體言之，全球化企業之選址決策，除一般的考量外，還要考慮到：

財務：當地銀行融資是否容易？匯率波動情況，外匯管制程度以及通貨膨脹或通貨緊縮等，這些都會影響到企業海外布局之獲利與資金流動之方便性。

法規：當地國之法規是否偏向當地之廠商或勞工？

政治：政治是否穩定，尤其新的領導者上臺後是否會推翻前朝所做之承諾？官員是否清廉，包括貪污、索賄情事是否嚴重？公司是否必須靠行賄才能營運等。

安全：治安情況如何，當地勞工偷竊情事是否嚴重？有無恐怖主義之威脅？

文化：當地國文化與本國文化之差異性包括當地宗教、生活習慣等。此外語言溝通在東南亞、非洲等地亦是問題。如台灣很少學校設有東南亞語文科系，台商在東南亞設廠時要考慮從中國大陸聘用懂當地語文者任翻譯或任中、低階管理者，這又衍生信任問題。

＋ 本節關鍵字

1. North American Free Trade Agreement (NAFTA)
2. General Agreement on Tariffs and Trade (GATT)
3. Regional Comprehensive Economic Partnership (RCEP)
4. globalization
5. video conferencing
6. conference call
7. con-call

8.3 選址決策分析

因子評分法

　　企業在選址方案上通過財務能力之考驗後，要考慮之因素很多，如何在這些方案做一抉擇？最常用也是合乎決策者「人性」的方式便是**因子評分法**（factor rating method）。

　　因子評分法是列舉選址決策要考慮之有關因子並對每一因子賦予**權數**（weight），根據所有因子定出適用之**尺度**（scale）（也就是該因子之得分），評分加總，以得分最高者爲入選方案。

　　注意的是：必要時可對一個或幾個因子設有最低門檻，未達到這些門檻就直接剔除。

因子	權重	分數			加權分數		
		方案1	方案2	方案3	方案1	方案2	方案3
A	0.2	80	60	75	16	12	
B	0.3	50	40	×	15	12	×
C	0.4	60	80	80	24	32	
D	0.1	30	50	90	3	5	
					58	61	

所以選擇方案 2。

重心法

　　重心法（center of gravity method）又稱爲**負重距離法**（load-distant method），重心法在選址計算上有點像統計學的加權平均數，權數是運送量。

　　重心法是給定有 n 個配送點，它們的坐標是 $(x_1, y_1) \cdots (x_n, y_n)$，對應之運送量爲 Q_1，$Q_2 \cdots Q_n$，那麼配銷中心應設置之坐標點爲 $(\bar{x}, \bar{y})$

$$\bar{x} = \frac{\Sigma x_i Q_i}{\Sigma Q_i} \ , \ \bar{y} = \frac{\Sigma y_i Q_i}{\Sigma Q_i}$$

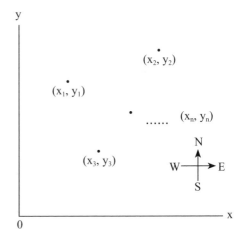

例題　設有4個目的地之坐標與每週運送量Q如下表所示，試求重心點。

目的地	x	y	Q
D_1	0	5	100
D_2	3	7	150
D_3	4	10	150
D_4	2	4	200

解

	x	y	Q	xQ	yQ
D_1	0	5	100	0	500
D_2	3	7	150	450	1,050
D_3	4	10	150	600	1,500
D_4	2	4	200	400	800
			600	1,450	3,850

$$\therefore \bar{x} = \frac{\Sigma x_i Q_i}{\Sigma Q_i} = \frac{1,450}{600} = 2.42$$

$$\bar{y} = \frac{\Sigma y_i Q_i}{\Sigma Q_i} = \frac{3,850}{600} = 6.42 \text{，即重心點在 (2.42, 6.42) 處}$$

資訊科技在選址決策之應用

　　IT 在選址決策上是有很大的功能。例如銷售點之選址須有人口流量、年齡層分布、所得分布等**人口統計**（demography），這些往往要借助大數據分析，IT 都扮演了不可或缺的角色。IT 結合了**全球衛星定位系統**（global position system, GPS）進一步發展出**地理資訊系統**（geometric information system, GIS）。GIS 將地理位置、形狀、物件間之相對關係等地理資訊和電腦製圖遙控技術及電腦資料庫管理系統統合後，所得之資訊可應用在空間距離、流量模擬以及路徑最適化上之分析上，因此 IT 對選址規劃與設施規劃上都有積極的功能。

✚ 本節關鍵字

1. factor rating method
2. weight
3. scale
4. center of gravity method
5. load-distant method
6. demography
7. global position system (GPS)
8. geometric information system (GIS)

第9章
品質管理

9.1 導論

品質

品質是作業管理的目標之一，更是企業維持競爭優勢的必備條件，品管大師對品質有不同的定義與詮釋，例如：

1. 朱蘭（Joseph M Juran, 1904-2001）：品質是「**符合使用**」（fitness for use）
2. 克洛斯比（Philip B Crosby, 1926-2001）：品質是「**符合需求**」（conformance to requirement）。
3. 戴明（William E Deming, 1900-1993）：品質是要滿足顧客需求、讓顧客滿意並由顧客來衡量。

不管怎麼定義，品質總是圍繞顧客之需求或滿意度，絕非是由生產者的角度來定義的。

產品品質構面

Garvin 指出顧客期望可從下面幾個構面來加以衡量：

1. **績效**（performance）：產品的主要特徵。
2. **特色**（features）：對顧客提供附屬性能以支援產品的績效。
3. **可靠性與耐久性**（durable）：產品功能正常使用的時間。
4. **一致性**（conformance to standards）：產品符合顧客期望或設計規格的程度。
5. **服務力**：製造業服務化的程度，如客訴之處理、售後服務的便利性等。
6. **安全性**：安全不足的產品根本談不上品質。
7. **感官性品質**（perceived quality）：品質的間接評估，如商譽。
8. **美學**（aesthetics）：產品的外觀、感覺等。

服務品質構面

服務業的品質構面大致可歸納如下：

1. 便利性：服務的可獲得性與可接近性。
2. 有形性：設備、設施、員工的實體外觀。
3. 一致性：對每一位顧客都能有相同的服務。
4. 回應性：在非一般情況下，作業人員願意協助顧客的意願。
5. 服務保證：作業人員能獲得顧客信賴的服務技能。
6. 禮貌：作業人員對待顧客的方式。
7. 可靠度：企業執行服務之可信任性、一致性與正確性。
8. 時間：傳送服務的速度。

品質成本

　　朱蘭是第一個提出**品質成本**（quality cost）的學者。品質成本是為預防及處理產品品質不良所耗費的成本，包括：

1. **預防成本**（prevention cost）：為防止不良品所支出的成本，像品質訓練、檢驗維修、品管制度建置等都是。
2. **鑑定成本**（appraisal cost）：為評估產品或服務之品質水準所支出的成本，像檢驗、測試、測試設備、品質審核等。
3. **內部失敗成本**（internal failure cost）：製造或服務過程中因品質不良所衍生之成本，像產品設計失敗、作業失敗、採購失敗所產生之成本都是。
4. **外部失敗成本**（external failure cost）：產品或服務因不良品或保固所衍生之成本等都是，像退貨、產品爭議等。

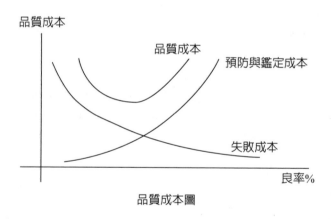

品質成本圖

✚ 本節關鍵字

1. fitness for use	8. aesthetics
2. conformance to requirement	9. quality cost
3. performance	10. prevention cost
4. features	11. appraisal cost
5. dourable	12. internal failure cost
6. conformance to standards	13. external failure cost
7. perceived quality	

9.2 品質管理大師們

品質管理的演進可說是學界與業界互相激盪下的成果，本節將對其中幾位品管先驅者對品質的思維與貢獻做一簡介。

蕭華德

蕭華德（Walter Shewhart, 1891-1967）最有名的貢獻就是**管制圖**（control chart），爲製程管制提供分析的利器，他有**統計品質管制**（statistical quality control, SQC）之父之稱。他的品管思想對朱蘭與戴明都有極深的影響。

戴明

戴明（Edwards Deming, 1900-1993）認爲無效率與不良品問題都溯自系統而非員工，將系統矯正到預期的結果是管理者的職責。除戴明的十四點原則外，他還強調將變異分爲可矯正的特殊變異與隨機變異來減少產品的變異。

戴明在二次戰後協助日本人改善品質和生產力，其中以他應**日本科學技術聯盟**（Union of Japanese Scientists and Engineers, UJSS）所作之一系列演說對提升日本製造業之品質管理貢獻良多。

朱蘭

朱蘭（Joseph Juran, 1904-2008）是第一位提出品質成本的品質大師，朱蘭認爲多數的品質失敗是管理者能控制的，因此管理者應負責持續改善。他將品質管制分成三個步驟：

1. 品質規劃：建立一個符合品質標準的製程。
2. 品質管制：何時需要採取矯正措施。
3. 品質改善：找到更好的改善方法。

戴明與朱蘭都是日本戰後品質革命的最大功臣。

克勞斯比

克勞斯比（Philip Crosby, 1926-2001）提出了**零缺點**（zero defect, ZD）的概念。他不同意產品一定有瑕疵的消極看法，並強調預防的重要性與第一次就要做對，如同他那有名的克勞斯比四大定理所述：

1. 品質就是合乎需求。
2. 品質來自於預防，而非檢驗。
3. 工作的唯一標準就是「零缺點」。
4. 應以「產品不符合標準的代價」來衡量品質。

克勞斯比在 1979 與 1984 分別出版了「*Quality is Free*」與「*Quality without Tears: The Art of Hassle—Free Management*」二書。

石川馨

石川馨（Kaoru Ishikawa, 1915-1989）是日本品質大師，**品管圈**（quality control circle, QCC）與**特性要因圖**（cause-effect diagram）是他的二大貢獻，他也是第一位提出重視內部顧客的品質學家。

田口玄一

田口玄一（G. Taguchi, 1914-2012）：他開創了田口方法（即品質工程），活用實驗設計去縮減設計之前置時間並強化了產品之**穩健性**（robust）等，這些我們在第 4 章都已說過。田口玄一創用**品質損失函數**（quality loss function）來定義品質。

品質損失函數

$$L(y) = k(y - m)^2$$

L：品質損失函數，y：品質特性值，k：與y無關之損失函數係數，m：目標值

透過損失函數，我們可知：
1. 品質特性值越偏離目標值，品質損失越大。
2. 由品質損失函數之分析，可找出造成品質損失之可控制因素，如此便能透過工程手法降低對「**噪音**」（noise）之敏感性，而使產品趨向穩健。

品管大師們貢獻摘述					
人名	貢獻	人名	貢獻	人名	貢獻
蕭華德	SQC、管制圖	朱蘭	品質成本、QC 三步驟	費根堡	TQM
戴明	戴明十四點原則，將品質變異分特殊變異、隨機變異	克勞斯比	零缺點、克氏四定理	赤尾洋二	品質屋
		石川馨	QCC、特性要因圖、重視內部顧客	狩野紀昭	狩野模型
		田口玄一	田口方法、品質損失函數	新鄉重夫	SMED、防呆

✚ 本節關鍵字

1. statistical quality control (SQC)
2. zero defect
3. quality control circle (QCC)
4. cause-effect diagram
5. quality loss function

9.3 全面品質管理

在 1961 年，費根堡（Armand V Feigenbaum, 1920-2014）提出了**全面品質管理**（total quality management, TQM）前，製造業的品管業務多屬生產部門或品管部門的職責，費根堡認為 TQM 是企業各部門都要參與的品管活動而非某些部門的職責。他強調企業所有成員對品質文化要有一致性的認同以提升企業整體之品質水準。如今 TQM 除製造業外還應用在服務業、教育、政府等領域，費根堡因而博得全面品管之父的美譽。

就歷史言，TQM 不是一蹴可幾的，它是經由**統計品質管制**（statistical quality control, SQC）、QA 才到 TQM。

全面品質管理的定義

TQM 是由企業全員參與，以合乎經濟的方式，提供滿足顧客要求之品質水準的產品與服務之一套系統性活動。

因此全員參與、**持續改善**（continuous improvement）與顧客滿意就是 TQM 之三大哲學。

1. 全員參與，可分這兩方面：
   (1) **員工賦權**（empowerment）：賦予員工改善和權變的權力並激勵員工完成任務。
   (2) **團隊合作**：重視團隊合作來解決問題並分享成果。
2. 持續改善：詳第 11 章。
3. 顧客滿意：以顧客為中心，專注滿足顧客的需求。

此外 TQM 還包含以下的元素：

- 以事實作為決策的基礎：管理者必須用資料，讓數據說話並運用適當的科學方法，包括統計方法，來蒐集、分析品質資訊，因為這些活動都有相當的知識含量，因此必須對管理者與員工施以必要的訓練。
- 源頭品質：**源頭品質**（quality at source）強調「**第一次就把它做對**」（do it right first time, DIRFT），絕不把不良品傳到下一製程（內部顧客），因此源頭品質有以下的意義：(1)品質的責任歸屬，屬於直接的作業人員。(2) 破除作業人員與品管人員的對立。(3) 強調自主管理，以使員工榮辱與共。(4) 源頭品質強調的是事前預防，而非事後矯正。
- 與供應商的夥伴關係：藉由長期合約的關係將供應商納入夥伴關係，一同致力 QA 與品質改善，如此不僅可減少交貨檢驗的次數更可確保供應商進貨的品質。

全面品質管理推動之障礙

TQM 在企業推動並非無往不利，檢討其執行時之障礙有：

- 無法建立全公司共同接受之品質定義，以致成功衡量的標準不一造成員工的目標並不一致，加上組織內部缺乏有效之溝通，各行其事，這當然不利 TQM 之推動。
- 在組織上：管理階層缺乏領導力，不信任員工，遑論員工賦權，也無激勵措施，其次在推動 TQM 前未有足夠的品質宣導，執行時亦未挹注足夠之資源，此諸種種致無法給員工有接受 TQM 之強大動機。
- 在推動上：策略計畫缺乏因應內、外部之改變之機制，尤其在推動 TQM 時往往捨本逐末地偏忽了「顧客滿意」。
- 在觀念上：TQM 是個長期的品質改善工作，它絕不可能立竿見影，有些企業因未能在短期內見到成效或財務上之成果以致中途放棄。

全公司的品質管制

在上世紀 60 年代，TQM 傳入日本後在日本就把它內化成**全公司的品質管制**（company wide quality control, CWQC）。與西方之品管相較下，CWQC 確實有一些特點：

- CWQC 拒絕西方的**可接受品質水準**（acceptable quality level, AQL），強調不斷地改進品質目標。
- CWQC 強調品管是由企業全體人員而非僅由品管部門負責。
- 對每一製程實施全面品管而非隨機抽驗。
- 量測那些容易為人看見或簡單的品質。
- 自行開發自動化的品質量測裝置。

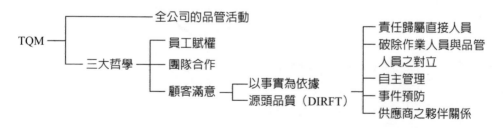

9.4 PDCA循環

PDCA循環

我們說過TQM是持續改善，戴明用滾動的輪子來比喻TQM之持續改善，這個輪子包括**計畫**（plan）、**執行**（do）、**查核**（check）與**行動**（action）4個基本步驟，稱 **PDCA 循環**（plan-do-check-act cycle），因是戴明提出，所以又稱**戴明輪**（Deming wheel）或**蕭華德循環**（Shewart cycle）。它包含：

1. 計畫：包括分析現況並找出問題與改善目標→建立績效衡量工具和蒐集資料→分析資料→找出解決方案→執行方案→追蹤考核方案進行狀況。
2. 執行：在執行過程中記錄執行之結果以及各種異常狀態，以使每個人了解規劃及工作內容，必要時還要輔以訓練。
3. 查核：將實施結果與規劃做一比較，並檢討其原因。
4. 行動：根據查核研究的結果，決定是否採用，若是就將此方法標準化，否則就修正或採取其他方案。

PDCA 循環每迴轉一次就會解決一部分問題，品質水準也不斷地提升。今井正明認為實施 PDCA 前最好要做好 SDCA（standard-do-study-act），也就是首先把作業標準化，如此可讓作業更安全、更容易做，以確保顧客滿意度、提升品質與生產力的工作方式。日本人認為 SDCA 循環與 PDCA 循環交互進行更有效果。

戴明後來又把 PDCA 循環中之 C（查核 check）改為 S（研究 study），他認為研究這一部分最為重要。

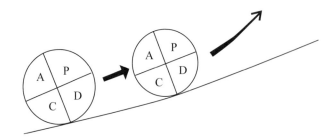

PDCA 循環是一個不斷螺旋上升的品質改善之進程，它體現了為了達到終極品質目標，知識的輪子不斷地向前上升，因為上次循環的結果加上新的計劃，如此推動的輪轉當然比上次更接近品質的終極目標。那麼它的終極目標是什麼？孫正義的「沒有最好、只有更好」這句話就是 PDCA 的精義了。

改善

改善（カイゼン kaizen, continuous improvement）是日本管理大師**今井正明**（Masaaki Imai, 1930-）提出的觀念，改善的意思是企業全體人員之連續不斷的改進和完善。改善強調小集團活動、員工參與與工作自律以使企業能取得完善和進步。改善首在確保每位員工都按標準來行事，並提升現行的標準。企業要導入改善，PDCA 是個重要手法。在推動 PDCA 前，首先要引入 SDCA 循環，等到現行的製程都以標準化且穩定地運作後才可引入 PDCA 循環。

要徹底解決問題首在認清問題的本質，蒐集與分析資訊都是必要手段，最後找出解決問題的辦法與提出進一步完善的措施。

改善是日本企業最重要的管理理念與生活方式的哲學。

製程改善

製程改善（process improvement）是用系統方法去改善製程，它從改善製程文件化、測量與分析，以達到提升品質，減低成本，提升生產力進而增加顧客滿意度。如同 PDCA，製程改善亦有製程改善循環。

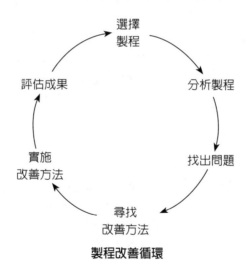

製程改善循環

➕ 本節關鍵字

1. plan-do-check-act cycle (PDCA)
2. Deming wheel
3. Shewart cycle
4. standard- do-study-act (SDCA)
5. kaizen
6. continuous improvement
7. process improvement

9.5 六標準差

六標準差的意義

六標準差在 1995 年經美國 Motorola 企業總裁 Jack Welch（1935-2020）倡導迄今仍蔚為風行的一個管理活動。從統計來說，**六標準差**（six sigma）意指每一百萬個產品中至多有 3、4 個不良品，它背後的管理意義才是六標準差的精髓所在。

六標準差之目的在提升品質、降低成本、增加顧客滿意度，它在做法上包括許多管理和技術的觀念與技巧，管理上，包括有強大的領導力（高階主管之支持與否是六標準差實施成敗的關鍵），有一能達成績效的專案組織。技術上，需善用統計技術，並能有效推動六標準差的人才。

六標準差的團隊

企業通常是以專案方式導入六標準差，它的推動者與成員都有一些類似東方武術的稱號：

盟主（champion）：盟主是六標準差專案的領導者。他們是訂定計畫的資深管理階層。

大黑帶（master black belt）：大黑帶除了善用統計方法外，他也是負責教練與督導黑帶之進度，協助排除黑帶障礙，改善專案之效率。

黑帶（black belt）：黑帶負責領導專案團隊以及關鍵製程改善，因此身為黑帶者必須有良好工程技術或商業能力外，他還要有良好的溝通能力。黑帶要將知識與技術傳授給綠帶。

綠帶（green belt）：綠帶是黑帶的助手。

六標準差專案之推動

六標準差是透過**界定**（define）、**量測**（measure）、**分析**（analyze）、**改善**（improve）、**控制**（control），即所謂的 DMAIC 五大步驟推動專案。

1. 界定：界定核心製程與關鍵顧客、鑑別顧客需求並評估其影響程度。
2. 量測：根據顧客的需求，用統計等方法找出**品質關鍵要素**（critical to quality）。
3. 分析：運用統計分析找出問題的**根本原因**（root cause）。（下節之石川圖是個有效之分析工具）
4. 改善：找出最佳方案，確認方案績效。
5. 控制：找出控制少數關鍵因子的能力並導入流程控制系統，確保改善能持續地做下去。

六標準差執行困境

六標準差雖給人引入動機，但引入後能成功推動之企業並不多，主要原因有：

- 缺乏全公司一致的品質定義：如果沒有全公司一致性的品質定義，衡量成功的標準不一，如此員工對品質所做的目標分歧，造成員工之努力不協調。
- 缺乏高階管理之支持與承諾，一旦計劃無法取得令人滿意之結果就可能失去高階管理的支持，惡性循環下使得計劃不得不告終。
- 在推動六標準差的過程中，管理者與員工不能通力合作，或因和他們作業慣性衝突而抱持排斥心態。
- 缺乏顧客焦點：容易造成顧客不滿意之風險。
- 組織內部溝通管道貧乏：容易造成部門間各自為政，浪費了組織整體資源無法發揮其應有之**綜效**（synergy）。
- 其他：未做好員工之教育與宣導，使得員工對推動六標準差之動機不足。此外，沒有強大的領導力做為驅動，推動動能不足下，當然導致六標準差失敗。

六標準成功之關鍵要素

由六標準差執行之困境，不難得知六標準差計劃成功的要素：

- 六標準差專案與公司的策略發展相結合。
- 高階主管的決心、承諾與強而有力的領導。
- 教育訓練上投注重大投資。
- 專注於實質之財務績效。
- 執行成效跟員工之升遷與獎金有所連動，管理者與員工間通力合作。
- 適當地應用統計工具、問題解決步驟予以良好的結構化。

JIT/六標準差

因為只用 JIT 無法達成統計製程管制之目標，反之，若只用六標準差又無法改善製程的速度與流程，因此將 JIT 與六標準差整合希望能提升改善製程之速度與提升品質，降低存貨。

JIT/ 六標準差之結合已成功地應用在一些美國大企業，如 GE 等。

✚ 本節關鍵字

1. champion	4. green belt
2. master black belt	5. DMAIC
3. black belt	6. synergy

9.6 品管七法

本節介紹的**流程圖**（flow chart）、**散布圖**（scattering chart）、**管制圖**（control chart）、**直方圖**（histogram）、**柏拉圖**（Pareto diagram）、**特性要因圖**（cause-effect diagram）、**檢核表**（check list）合稱品管七法，石川馨認為上述七法只要應用得當，絕大多數的品質問題都能獲得解決。

1. 流程圖

流程圖可顯示整個作業的流程，在繪製時要注意哪個步驟是流程，哪個步驟是決策。整個流程圖不宜過於瑣碎但也不要遺漏重要的步驟，這需靠老練管理者的拿捏。由流程圖可找出製程中可能產生問題的地方。

2. 散布圖

將製程的品質數據繪在坐標紙上便得散布圖。由散布圖可看出這些數據是否有趨勢性？相關性？以及有無**特異數據**（outlier）？從而挖掘出潛在問題。

3. 管制圖

管制圖有兩條管制界線：管制上限（UCL）與管制下限（LCL），中間有一條中心線。將製程中蒐集的品質數據繪在管制圖上以便分析和監控製程中的隨機變異。

4. 直方圖

直方圖是由製程中蒐集的品質數據繪出的。我們可由直方圖看出品質分布的情況、判斷製程狀態是否穩定？有無失常？管理者可藉由直方圖預測產品品質、良率，並可據此制定規格界線。

5. 柏拉圖

柏拉圖是將異常狀態的原因與頻率同繪在一個坐標圖上，x 軸列出發生事件，依事件發生次數的多少由左到右依序排列，y 軸則是發生次數，由直方圖從左方繪一累積次數之折線，我們可據以抓出偏離中心的事件，以及看出各種原因所占之比率，找出重點之優先改善的項目。柏拉圖常用作為問題改善前、中、後的比較分析。柏拉圖分析可應用在管理與決策的每一個領域。

6. 特性要因圖

特性要因圖是石川馨提出找尋問題**根本原因**的一種架構性方法。遇到品質問題時，便可以透過**腦力激盪**找出各種可能原因，依相互關聯性整理出一個層次分明並標示重要因素的魚骨狀圖，因為像魚骨，因此又稱為**魚骨圖**（fish bone diagram）。

7. 檢核表

現場人員可利用檢核表，對指定查核的項目進行查考，以作為缺失改善的依據。還有一種檢核圖依物件圖像直指錯誤之所在。在工程或製造查核時檢核表是不可或缺的查核表格。

品管七法

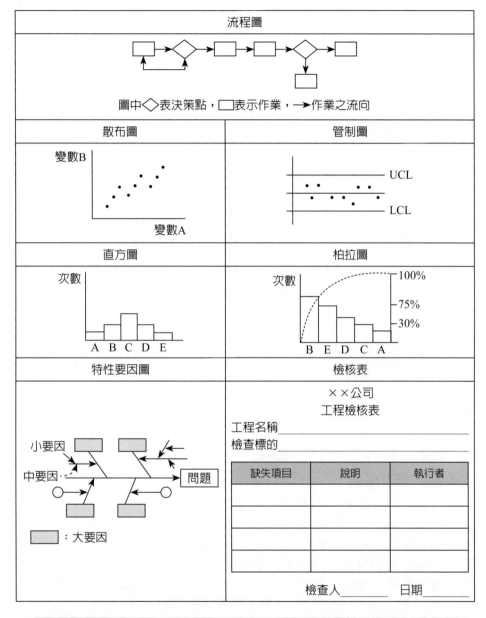

9.7 統計製程管制簡介

統計製程管制是做什麼？

　　統計製程管制（statistical process control, SPC）的目的就是用來評估製程是否在管制下以及是否須採矯正行動。管制圖是判斷製程是否在管制狀態之最重要的工具。什麼叫製程在統計管制，這和製程的變異斷不可分。

變異與製程控制

　　品管界有句名言，品質來自變異，變異就來源而言可分：

1. **隨機變異**（random variation 或 chance variation）：製程必然存在的變異稱為隨機變異，若製程中只存在隨機變異則稱此製程是穩定而可預測的，或製程**在統計管制**（under statistical control）。

2. **非隨機變異**（assignable variation）：若製程中的變異、來自設備（工具磨損、電力不穩、機器震動等）、物料（進料的品質特性，如抗張強度、延展性等）、環境（工廠之溫度、照明等）及作業員（作業員之生理及心理、作業技能等）等**非機遇原因**（assignable cause），則稱製程**不在統計管制**（out of statistical control）。

計量值與計數值

　　在談管制圖前，我們須分辨出兩個在中文上容易混淆的名詞，**計量值**（variable）與**計數值**（attribute）：

1. 計量值：泛指可度量的品質特性，如長度、重量、成分百分比等，它又可細分成連續的計量值，如長度、重量等都是，一是離散性的計量值，如每平方公尺的不良數，離散性的計量值為自然數。

2. 計數值：泛指不可度量的品質特性，如合格／不合格等。

管制圖的統計學

　　任何管制圖的背後均有統計學作支撐。從製程（製程相當於統計學中的**母體**，population）中取出 x_1、$x_2\cdots x_n$ 為一組**隨機樣本**（random sample），由抽出之隨機樣本可定義出一些有用的**統計量**（statistic），包括：**平均數**（mean）、**標準差**（standard deviation）、**全距**（range）等，統計量是個**隨機變數**（random variable），因此這些統計量也服從某個**機率分配**（probability distribution）。統計學之**中央極限定理**（central limit theorem）告訴我們，當樣本個數 n 很大時（通常 $n \geq 30$），樣本平均數的機率分配近似於**常態分配**。

管制圖的進一步討論

　　管制圖大致可分**計數型管制圖**（control chart for attributes）與**計量型管制**

圖（control chart for variables）兩大類，計數型管制圖與計量型管制圖又因管制之目的衍生出許多不同類型的管制圖，我們將各介紹兩個。

計量值管制圖

1. 平均數管制圖（mean control chart）

平均數管制圖之UCL與LCL

$$UCL = \bar{\bar{x}} + z\sigma_{\bar{x}}$$
$$LCL = \bar{\bar{x}} - z\sigma_{\bar{x}}$$

其中：$\sigma_{\bar{x}} = \dfrac{\sigma}{\sqrt{n}}$；σ為製程標準差，n為樣本個數　z：信賴水準

例題 1. 抽取 3 個樣本，各觀察 4 次，結果如下表，若根據過往的經驗 σ = 2，求平均數管制圖之 UCL 與 LCL，假定 z = 3

		觀測值			
樣本	I	11	10	9	10
	II	11	8	12	13
	III	9	12	13	14

解

				小計	$\bar{x}_i$
11	10	9	10	40	10.0
11	8	12	13	44	11.0
9	12	13	14	48	12.0
				$\bar{\bar{x}} = 11$	

$$\therefore UCL = \bar{\bar{x}} + z\sigma_{\bar{x}} = 11 + 3 \cdot \frac{2}{\sqrt{4}} = 14$$

$$LCL = \bar{\bar{x}} - z\sigma_{\bar{x}} = 11 - 3 \cdot \frac{2}{\sqrt{4}} = 8$$

通常 σ 是未知的，因此我們用樣本全距（即樣本中最大值與最小值之差）當做製程變異之近似值，這種管制圖又稱為 **$\bar{X}$-R 管制圖**（$\bar{X}$-R control chart）。

$\bar{X}$-R管制圖之UCL與LCL

$$UCL = \bar{\bar{x}} + A_2\bar{R}$$
$$LCL = \bar{\bar{x}} - A_2\bar{R}$$

其中：$\bar{R}$ 為樣本全距之平均數；A_2可查下頁附表

再承例題 1，

		觀測值				R	$\bar{x}$
樣本	I	11	10	9	10	2	10
	II	11	8	12	13	5	11
	III	9	12	13	14	5	12

$\bar{R} = 4$ $\bar{\bar{x}} = \frac{1}{3}(10 + 11 + 12)$
$= 11$

$$\therefore UCL = \bar{\bar{x}} + A_2\bar{R}$$
$$= 11 + 0.73 \times 4$$
$$= 13.92$$
$$LCL = \bar{\bar{x}} - A_2\bar{R}$$
$$= 11 - 0.73 \times 4$$
$$= 8.08$$

2. 全距管制圖（range control chart）

全距管制圖稱為 R 管制圖。R 管制圖之 UCL 與 LCL 如下：

R管制圖之UCL與LCL

$$UCL = D_4\bar{R}$$
$$LCL = D_3\bar{R}，D_3, D_4可查附表$$

例題 **2.**　應用例題 1 之資料求全距管制圖之 UCL 與 LCL

解　由例題 1，$\bar{R} = 4$，查附表
n = 4 時，$D_4 = 2.28$，$D_3 = 0$
$\therefore UCL = 2.28 \times 4 = 9.12$
$LCL = 0 \times 4 = 0$

附表（A_2、D_3、D_4數值）

觀測值個數n	$\bar{x}$ 管制圖的因子A_2	R管制圖的因子	
		管制下限D_3	管制下限D_4
2	1.88	0	3.27
3	1.02	0	2.57
4	0.73	0	2.28
5	0.58	0	2.11
6	0.48	0	2.00
7	0.42	0.08	1.92
8	0.37	0.14	1.86

觀測值個數n	x̄ 管制圖的因子A₂	R管制圖的因子	
		管制下限D₃	管制下限D₄
9	0.34	0.18	1.82
10	0.31	0.22	1.78
11	0.29	0.26	1.74
12	0.27	0.28	1.72
13	0.25	0.31	1.69
14	0.24	0.33	1.67
15	0.22	0.35	1.65
16	0.21	0.36	1.64
17	0.20	0.38	1.62
18	0.19	0.39	1.61
19	0.19	0.40	1.60
20	0.18	0.41	

計數值管制圖

1. p 管制圖

p 管制圖（p-chart）是要管制製程產出的不良率，若樣本大小為 n 中不良品個數為 x，假設不良率 $p = \frac{x}{n}$ 是服從**母數**（parameter）為 p 的**二項分配**（binomial distribution），那麼 $\sigma_{\hat{p}} = \sqrt{\frac{\hat{p}(1-\hat{p})}{n}}$，如此我們可建立 p 管制圖之 UCL 與 LCL：

> **p管制圖之UCL與LCL**
> $$UCL = \hat{p} + z\sigma_{\hat{p}} = \hat{p} + z\sqrt{\frac{\hat{p}(1-\hat{p})}{n}}$$
> $$LCL = \hat{p} - z\sigma_{\hat{p}} = \hat{p} - z\sqrt{\frac{\hat{p}(1-\hat{p})}{n}}, \hat{p} = \frac{缺點總數}{觀測值總數}$$

例題 **3.** 抽查布匹之瑕疵數，每 100 碼布匹為一樣本，計抽 10 個樣本，得樣本瑕疵數統計如下，試建立每碼瑕疵個數比率之 p 之管制圖之 UCL 與 LCL，假設 z = 3

樣本	1	2	3	4	5	6	7	8	9	10	小計
瑕疵數	4	7	10	8	6	5	3	11	9	17	80

解　$\hat{p} = \dfrac{80}{10 \times 100} = 0.08$

$\therefore \text{UCL} = \hat{p} + z\sqrt{\dfrac{\hat{p}(1-\hat{p})}{n}} = 0.08 + 3\sqrt{\dfrac{0.08 \times 0.92}{100}} = 0.16$

$\text{LCL} = \hat{p} - z\sqrt{\dfrac{\hat{p}(1-\hat{p})}{n}} = 0.08 - 3\sqrt{\dfrac{0.08 \times 0.92}{100}} = -0.01 \text{ 取 } 0$

2. c 管制圖

　　c 管制圖（c-chart）是要管制製程產出每單位發生的不良數。它假設在一連續區域發生一個以上不良個數 c 的機率趨近 0，也就是不良個數 c 服從**卜瓦松分配**（Poisson distribution），由機率學知不良數的平均數為 $\bar{c}$，標準差為 $\sqrt{\bar{c}}$。因此，我們有：

---

c 管制圖之 UCL 與 LCL

　　$\text{UCL} = \bar{c} + z\sqrt{\bar{c}}$

　　$\text{LCL} = \bar{c} - z\sqrt{\bar{c}}$　　　c：不良品個數；z：依賴水準，可查常態分配表

例題 **4.**　若抽查 15 組成品，得瑕疵數統計如下：

樣本	1	2	3	4	5	6	7	8	9	10	11	12	13	14	15
瑕疵數	2	3	1	0	2	3	4	1	0	2	1	3	2	2	2

試求以 3σ 之管制界限之條件求 c 管制圖之 UCL 與 LCL

解　$\bar{c} = \dfrac{\Sigma x_i}{15} = \dfrac{30}{15} = 2$

$\therefore \text{UCL} = \bar{c} + 3\sqrt{\bar{c}} = 2 + 3\sqrt{2} = 6.24$

$\text{LCL} = \bar{c} - 3\sqrt{\bar{c}} = 2 - 3\sqrt{2} = -2.24 \rightarrow 0$

生產者風險與消費者風險

　　「若數據點落在管制圖兩個界線之間則承認製程在管制內」，這裡用的是「承認」，這是源自**統計檢定**（test of statistical hypothesis）之**型 I 偏誤**（type I error）與**型 II 偏誤**（type II error）的定義：
1. 我們蒐集的資訊顯示製程在管制狀態外，但實際卻是在製程管制內，這就是所謂的**生產者風險**（producer's risk）。
2. 我們蒐集的資訊顯示製程在管制狀態內，但實際卻是在製程管制外，這就是所謂的**消費者風險**（consumer's risk）。

		結論	
		管制狀態內	管制狀態外
實際製程	管制狀態內	無誤差	生產者風險（型I誤差）
	管制狀態外	消費者風險（型II誤差）	無誤差

製程能力與規格

我們要分辨製程變異性、管制界限和規格（也稱為**公差**，tolerance）這三個令人混淆的名詞。

1. 製程變異性：指製程中之抽樣變異性，它是以製程的標準差來衡量變異的程度。
2. 管制界限：自製程中抽取品質數據；選取特定統計量而形成的。
3. 規格：依工程設計或顧客的需求而建立之界限。

由上看來，管制界限與製程變異性有關，但規格則與製程變異性無關，讀者務必記住每一個產品必須合乎規格。

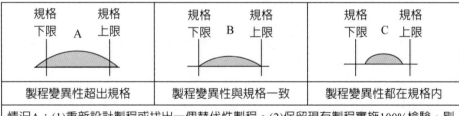

規格下限 A 規格上限	規格下限 B 規格上限	規格下限 C 規格上限
製程變異性超出規格	製程變異性與規格一致	製程變異性都在規格內

情況A：(1)重新設計製程或找出一個替代性製程。(2)保留現有製程實施100%檢驗，剔除不良品。(3)是否可考慮放寬規格。

+ 本節關鍵字

1. statistical process control (SPC)
2. random variation
3. under statistical control
4. assignable variation
5. assignable cause
6. attribute
7. control chart for attributes
8. control chart for variables
9. mean control chart
10. $\bar{X}$-R control chart
11. range control chart
12. p-chart
13. c-chart
14. test of statistical hypothesis
15. type I error
16. type II error
17. producer's risk
18. consumer's risk
19. tolerance

9.8　製程能力淺介

製程能力是什麼？

在上節已討論有關製程能力的一些基本概念，接著要探討製程穩定後，這個製程是否有能力在允收範圍做出產出。**製程能力**（process capacity）是探討製程內產出之變異與設計規格所允許的變異間之關係。若管制狀態下之製程產出落在規格允許的變異範圍內，則稱此製程有製程能力，否則要考慮進行矯正。

有一些指標可供評估製程能力，這些指標稱為**能力指標**（capability index），我們將介紹其中之 C_p 與 C_{pk} 二個指標，二者之差別在於是否考慮製程平均值。

1. 不考慮製程平均值：

$$C_p = \frac{USL - LSL}{6\sigma}，6\sigma \text{ 又稱為機器能力}$$

C_p 稱為**精確能力**（capacity of precision），它表示製程特性一致的程度，C_p 越大表示製程一致性越高。

C_p 至少要 1.0，它表示製程勉強可以接受，C_p 能力指標在 1.33 以上為理想，1.00-1.32 為可接受，1.33 表示不合格率為 30ppm。1.00 表示不合格率為 2700ppm 它表示 1,000,000 個產品中有 2,700 個不良品，總之，能力指標越高表示製程產出越有可能落在設計規格內。

2. 考慮製程平均值：

$$C_{pk} = \min\left\{\frac{USL - \mu}{3\sigma}, \frac{\mu - LSL}{3\sigma}\right\}$$

> 例題　A、B、C 三部機器，機器之標準差 σ 分別為 0.07mm、0.1mm、0.06mm，若規格為 10.00-10.60mm，(a) 問那部機器最有製程能力？(b) 若已知製程平均值 μ = 10.48mm，USL = 10.80mm，LSL = 10.32mm，問哪部機器最有製程能力。

> 解　(a) 求 C_p：

機器	標準差（mm）	機器能力（mm）	C_p
A	0.07	0.42	1.14
B	0.1	0.6	0.80
C	0.06	0.36	1.33

$$A: C_p = \frac{10.80 - 10.32}{0.42} = 1.14$$

$$B: C_p = \frac{10.80 - 10.32}{0.6} = 0.8$$

$$C：C_p = \frac{10.80 - 10.32}{0.36} = 1.33$$

在 C_p 準則下以機器 C 最有製程能力

(b) 求 C_{pk}

$$A：\frac{\mu - LSL}{3\sigma} = \frac{10.48 - 10.32}{0.07 \times 3} = 0.76$$

$$\frac{USL - \mu}{3\sigma} = \frac{10.80 - 10.48}{0.07 \times 3} = 1.52$$

$$\therefore A 之 C_{pk} = \min\{0.76,\ 1.52\} = 0.76$$

$$B：\frac{\mu - LSL}{3\sigma} = \frac{10.48 - 10.32}{0.1 \times 3} = 0.53$$

$$\frac{USL - \mu}{3\sigma} = \frac{10.80 - 10.48}{0.1 \times 3} = 1.07$$

$$\therefore B 之 C_{pk} = \min\{0.53,\ 1.07\} = 0.53$$

$$C：\frac{\mu - LSL}{3\sigma} = \frac{10.48 - 10.32}{0.06 \times 3} = 0.89$$

$$\frac{USL - \mu}{3\sigma} = \frac{10.80 - 10.48}{0.06 \times 3} = 1.78$$

$$\therefore C 之 C_{pk} = \min\{0.89,\ 1.78\} = 0.89$$

比較 A、B、C 之 C_{pk}，以 C 最有製程能力，但在實務上，如此低之 C_{pk} 仍屬製程能力不合格。

製程能力改善

製程能力改善的重點在於改變製程的目標值或減少製程的變異性。製程改進的途徑大致有：

- 製程方面：簡化製程，使用模組化設計；製程標準化，零組件標準化；簡化管制程序。
- 設備：以自動化操作取代人工。

製程能力指標應用上的限制

製程能力指標在應用上應注意到：

- 製程必須是在穩定狀態。
- 製程必須是常態分配。
- C_p 不應用在製程不集中的情形。

+ 本節關鍵字

1. process capacity
2. capability index
3. capacity of precision

第10章
總體規劃與主排程

10.1　導論

《禮記》有「凡事豫則立，不豫則廢。」這麼一句經典名句，它明白指出做任何事前都必須有周詳的計畫，個人如此，企業經營更是如此。企業職能部門也各有其事業規畫，本章主要是討論作業部門的生產規劃。

生產規劃包括了產品或服務之種類、數量、方法、期限、物料、人員、機器設備等，這些內容會因企業之規模、屬性而有所不同。生產規劃下又可細分為人員規劃、日程規劃、**途程規劃**（route planning）、外包規劃等。

由生產規劃的內容不難推知其目的在於確保：

* 避免停工待料。
* 滿足行銷的需求水準下之存貨極小化。
* 以滿足生產日程要求的勞動力進行生產或服務。

生產規劃的策略工具

企業擬定生產規劃時有兩種策略工具：一是調整勞動力或產出率，一是調整存貨水準。這些在產能規劃那章已說過。

生產規劃的種類

依**規劃跨度**（planning horizon），生產規劃可分長程、中程與短程三種。

1. 長程生產規劃：這是一年以上的產能規劃，規劃的內容包含產品和服務規劃、設施規劃、選址規劃、產品設計等。
2. 中程生產規劃：中程生產規劃是由長程生產規劃出來的生產規劃，因此它比長程生產規劃更具體地指出部門產品或服務的種類、數量，流程開始與提交時間及物料需求等。**總體規劃**（aggregation planning）也稱整體規劃，就是中程生產規劃，它規劃了雇用、產出、存貨、外包、**欠撥訂單**（back-order）等之時點和數量。因此，整體規劃就是在 2-12 個月的中程產能規劃。第 5 章的產能規劃是以長程產能規劃為主。
3. 短程生產規劃：短程生產規劃是由中程生產規劃發展出來之工作站層級之工作目標，基本上，短程生產規劃大致是以個別產品、服務的訂單或預測為基礎所編製的生產規劃，它包括了生產批量大小、採購量與種類、機器負荷、工作排程等。

欠撥訂單、預收訂單與缺貨

我們剛才提到欠撥訂單一詞，在此順便介紹另兩個在生產計畫、供應鏈管理等領域常會碰觸到又常為人搞混的二個名詞，**預收訂單**（backlog）與**缺貨**（stockout）。

1. 預收訂單：預收訂單就是本期未能完成而必須延至某個時期方能補足的訂

單。
2. 欠撥訂單：目前雖無法供貨但未來可交貨。
3. 缺貨：目前未能供貨而且未來也不會供貨。

	長程生產規劃	中程生產規劃	短程生產規劃
規劃跨度	一年以上	2-12個月	2個月以下
內容	產品設計 製程設計 設施布置 工作設計 選址規劃	僱用 外包 完成品存貨 欠撥訂單	生產批量 採購 機具負荷 工作指派 工作排序 工作排程

　　生產規劃為何要分短、中、長期？我們以最熟悉之在學生活為例說明之。
　　假設李小明剛收到大學錄取之通知書，內有他考上學系的學習說明、該系學分規定，及四年中每學期之課程總表。於是他瀏覽一次並做出了以下簡要規劃：
1. 課程總表中有四年中每學期之必修課，並配有3～4門選修課，小明決定選修課程以有興趣、對未來就業有幫助的課程為主。為了獨立的生活，他還要計畫做家教賺取生活費。（長程規劃）
2. 大一上學期除系必修課程外，將加修程式語言、英語會話、數學軟體三門課程。（中程規劃）
3. 因通知單上提及，在開學第二週的微積分課有高中數學復習小考，因此上課前二週主力在預備數學小考。此外還要登記參加演辯社及他最喜歡的足球社。（短程規劃）

✚ 本節關鍵字
1. route planning
2. planning horizon
3. aggregation planning
4. back-order
5. backlog
6. stockout

10.2　總體規劃

　　總體規劃是用宏觀的角度對產品或服務所做的中程產能規劃，要注意的是，總體規劃所規劃的對象是整條生產線或服務站而不是個別的產品或服務。總體規劃前首先要做好中程的總體需求預測。

總體規劃之目標

　　企業總體規劃目標如下：

- 消費者需求滿足的極大化。
- 整體成本極小化，這裡所稱的成本包括存貨成本、欠撥訂單成本、人力（僱用／解僱／加班）、外包等。
- 存貨極小化。
- 勞動力水準變化極小化。
- 生產率變化極小化。
- 廠房和設備之設備利用率極大化。

　　總體規劃會因企業規模等因素而對上述目標有所取捨或偏重。

總體規劃之策略

　　總體規劃有三個基本策略：

1. **追趕策略**（chase strategy）：廠商調整產能以因應市場需求。
2. **平準化策略**（level strategy）：在產能水準不變下廠商以調整存貨為主，有時會輔以訂價、促銷等方式來因應市場需求。
3. **外包策略**（subcontracting）：在不裁員之前提下，以加班、調整工作時數為主要手段，必要時採外包方式來因應市場需求。採外包策略之生產規劃是以平均生產量最小的那個（週、月、季……）為規劃之基準，當需求大於基準產量時就以外包方式因應。

> 例題　　假設工廠未來三個月之生產需求及工作天數如下，請依追逐策略、平準化策略及外包策略分別計算每個月之每日生產量。

月份	訂單需求	工作天數
五月	50,000	25
六月	45,000	25
七月	30,000	20

> 解　　(1) 追逐策略
> 　　　　五月：$50,000 \div 25 = 2,000$ 單位／日

六月：45,000÷25 = 1,800 單位／日

七月：30,000÷20 = 1,500 單位／日

(2) 平準化策略

(50,000 + 45,000 + 30,000)÷(25 + 25 + 20) = 1,759 單位／日

(3) 外包策略

因七月之生產量／日為最小，故以七月之 1,500 單位／日作為五、六、七月每月生產量之計算基準，超過此數即當外包量：

第 1 個月：(2,000 – 1,500)×25 = 12,500 工件

第 2 個月：(1,800 – 1,500)×25 = 7,500 工件

第 3 個月：(1,500 – 1,500)×20 = 0 工件（即不需外包）

總體規劃之投入

需求預測

- 人力資源方面：人力調配之政策、外包、加班。
- 存貨水準及其變動情況。
- 欠撥訂單。
- 上述有關成本。包括：(1) 外包、加班、僱用、解僱衍生之成本、(2) 存貨成本、(3) 欠撥訂單。

總體規劃之產出

總成本

- 包括了存貨、產出、雇用、外包與欠撥訂單等。

因此有效的總體規劃之先決條件是必須有良好的資訊，這包括確定可用的資源以及精確的需求預測。

總體規劃之數學模型

隨著軟體工程之進步，已有一些關於總體規劃之數學模型，包括**線性規劃**（linear programming, LP）等，但並不普及，因此，目前仍多依**經驗法則**（rule of thumb）或**試誤法**（trial and error method）去進行總體規劃。此外模擬方法因為能在不同條件下找出一個可接受的解答（而非最適解）似乎較吸引管理者喜愛。

✚ 本節關鍵字

1. chase strategy	4. linear programming (LP)
2. level strategy	5. trial and error method
3. subcontracting	6. rule of thumb

10.3 總體規劃之計算例

假定未來 4 個月之訂單預測為：

月份	1	2	3	4
需求量	100	120	150	130

每月最大生產量為 120 件，每月加班上限為 20 件。

正常上班：$4 / 件　　平均存貨：$2 / 件
加　　班：$6 / 件　　欠撥訂單：$7 / 件
外　　包：$5 / 件

試依追逐策略、平準策略、外包策略分別計算成本。

解

一、追逐策略：需求大於最大產能（120 件）時以加班或預收訂單因應之。
　　因此追逐策略只考慮正常時間、加班和欠撥訂單。

（假設期初存量 = 0）

時期		1	2	3	4	總計	成本
預估需求量		100	120	150	130	500	
產出	正常時間	100	120	120	120	460	1840
	加班	—	—	20	20*	40	240
	外包	—	—	—	—		
存貨	期初存貨	—	—	—	—	—	
	期末存貨	—	—	—	—	—	
	平均存貨	—	—	—	—	—	
欠撥訂單				10	0	10	70
合計							2150

* 第 4 期之加班 20 件是除了 130 − 120 = 10 件外還要加上第 3 期之欠撥訂單 10 件，故合計 20 件。

二、平準策略：只考慮正常時間和存貨。

（假設期初存量＝40）

時期		1	2	3	4	總計	成本
預估需求量		100	120	150	130	500	
產出	正常時間	120	120	120	120	480	1920
	加班	—	—	—	—	—	—
存貨	期初存貨	40	60	60	30		
	期末存貨	60	60	30	20		
	平均存貨	50	60	45	25	180	1260
欠撥訂單		—	—	—	—	—	
合計							3180

三、外包策略：以 1 月份最低需求量為正常時間需求量，當需求大於正常時間之產量時就用外包解決。

（假設期初存量＝0）

時期		1	2	3	4	總計	成本
預估需求量		100	120	150	130	500	
產出	正常時間	100	100	100	100	400	1600
	加班	—	—	—	—	—	
	外包	—	20	50	30	100	500
存貨	期初存貨	—	—	—	—	—	
	期末存貨	—	—	—	—	—	
欠撥訂單		—	—	—	—	—	
合計							1500

10.4　主排程

總體規劃之分解

　　總體規劃是對整條生產線而不是個別的產品或服務所做的產能規劃，所以總體規劃在工作站這一階層是不具實踐性的，因此必須將總體規劃分解到第一線之生產線可以實踐的程度，首先將總體規劃分解出**主生產排程**（master production scheduling, MPS）簡稱為主排程。

　　MPS 統合行銷、產能規劃、生產及配銷之資訊，它也是生產規劃之源頭，因此它在生產規劃與控制位居核心地位。

主排程之投入

　　MPS 投入的資訊有：1. 期初存貨。2. 主排程規劃期間之各期需求預測。3. 訂單量。

　　為了計算存貨我們有下列兩個基本計算式：

（1）上期期末存貨＝本期期初存貨

（2）本期期末存貨＝本期期初存貨 − 本期需求

　　一旦期末存貨為負的時候，便須生產來補充存貨之不足，因此 MPS 是和產能有關的產能規劃，請注意：MPS 未考慮產能的限制。

主排程之產出

　　MPS 產出有：1. 預計存貨。2. 生產需求。3. **可用於承諾之存貨**（available-to-promise inventory，ATP 存貨，有時簡稱 ATP），這是可供行銷人員對顧客新訂單之交貨所做之承諾。

　　因此 MPS 在編製時必須考量到：

- 新訂單之交貨時點。
- 當產能不足時要適時修改 MPS，並協調出產銷二方均能接受之解決方案。

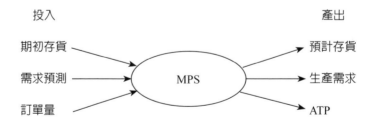

例題　根據下列資訊建立一個 MPS，每期之預測 60 單位，若期初存量為 100，當庫存量不足時即生產 100 單位。

期間	1	2	3	4
顧客訂單	70	60	80	15

解　注意各期需求量為顧客訂單量與預測量中之較大者

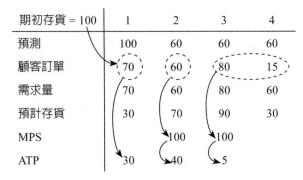

期初存貨 = 100	1	2	3	4
預測	100	60	60	60
顧客訂單	70	60	80	15
需求量	70	60	80	60
預計存貨	30	70	90	30
MPS		100	100	
ATP	30	40	5	

ATP 之算法有好幾種，其中一種是前瞻法，將顧客訂單逐期加總一直到下一個 MPS 數量出現為止，然後用期初存貨加 MPS 減去加總後之顧客訂單。

期初存貨（第 i 期期初存貨記做 I_i）

$I_1 = 100 - 70 = 30$；$I_2 = 30 + 100 - 60 = 70$

$I_3 = 70 + 100 - 80 = 90$；$I_4 = 90 - 60 = 30$

ATP：（第 i 期之 ATP 記做 ATP_i，ATP 只出現第一期及與有 MPS 數量之各期。）

$ATP_1 = 100 - 70 = 30$；$ATP_2 = 100 - 60 = 40$；

$ATP_3 = 100 - (80 + 15) = 5$

MPS的動態

MPS 是依據總體規劃而來的，照理 MPS 的數量應和總體規劃一致，但是 MPS 與總體規劃在編製時間上有相當的落差以致兩者之數量會不同，期間企業接單的情形也直接影響 MPS 穩定的程度，一旦 MPS 失去穩定性那麼修正的機會也大，企業在供需情形改變時都會修正 MPS。

需求量的變動，例如：
• 臨時性的抽單或插單以致影響現有手邊要執行訂單的完成。
• 市場變動影響到產能。

供給面的變動，例如：

- 機器故障。
- 停工待料。

時間柵欄

在實務上，MPS 常會變動的，顯然地，變動發生的時點離現今越遠對規劃者越不會造成困擾，因為決策者有較充裕的時間處理。為此 MPS 在規劃上有所謂的**時間柵欄**（time fence）以便在不同時段上對不同提交訂單的承諾。如何編製一個有效的 MPS？一般認為善用時間柵欄是最大功臣。

時間柵欄將 MPS 規劃的時距分成**固定**（firm）或**凍結**（frozen）、**暫定**（tentative）與**開放**（open）三個時段。我們把這三個時段繪在一個時間軸上，稱計畫的那天為**今天**（today），今天如同數學之直線座標的原點，由今天開始逐步定出三個時間區間：

1. 固定或凍結：離今天最近的那個時期為固定或凍結，固定期的期間長度與產品或服務的前置時間約略相等。原則上這段時期內只用實際的訂單量作為數量，除非特殊情況否則這一時段的數量不能更改。也因為如此，企業在 MPS 固定或凍結期對市場的應變能力會變得僵化。
2. 暫定：固定期旁是暫定。暫定期以後交期之訂單量和預測量作為數量。
3. 開放：最右是開放。開放期主要是新訂單或取消訂單，對新訂單只能做暫時性的承諾。

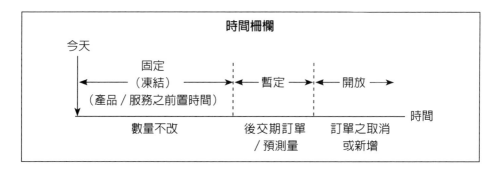

時間柵欄是 MPS 成功的關鍵。實務上 MPS 規劃的時距通常比規劃的時距稍長，如此企業雖可有較足夠的時間來解決突發事故和供應商也較有議價的空間，但相對地也會增加規劃的不確定性。因此一位好的規劃者會顧及規劃時程、固定（凍結）時間與應變能力三者的平衡，這就是規劃的藝術。

供應鏈之排程規劃

在全球化之競爭下，以往企業與企業間的競爭已擴大到供應鏈對供應鏈的一場市場爭奪戰。企業之供應鏈有任何一個夥伴企業生產出問題往往會造成

企業整個供應鏈之危機，以 2020 年之武漢肺炎為例，全球手機、電子關鍵材料（如半導體材料）日本、韓國就占了六成以上全球市佔率。因為中國是世界重要組裝基地，因疫情而使供應鏈斷鏈。另外，台灣是世界許多香水之重要代工基地，香水製出了，但香水瓶之噴頭是大陸代工的，因疫情無法進口，造成企業莫大困擾，還有許多產業都類似的情況。這說明了在全球分工之製造氛圍下，供應鏈之夥伴企業有任何之生產問題都會造成企業營運之大災難。

即便是平常，夥伴企業生產出狀況亦非罕見，而使得企業呈現生產緊張之狀況，因而體認出供應鏈管理有二個重點：

1. 上下游間的作業協調。
2. 供應商間本身生產規劃之執行力。

因此我們可以篤定地說，製造業之精準的生產計畫絕對是競爭力重要的一環，因為生產時之意外在所難免，因此原物料之適時適量的調控，（如安全存量）緊急事件之快速反應都是必要的。

我們在本章所談的都是個別企業的生產計畫，但是供應鏈是個大系統，每個夥伴企業都是這個大系統之子系統，因此還需要一個更強大之規劃系統──先進規劃排程，這將在第 14 章介紹。

✚ 本節關鍵字

1. master production scheduling (MPS)
2. available-to-promise inventory (ATP)
3. time fence
4. firm
5. frozen
6. tentative
7. open
8. today

10.5 粗產能規劃、途程規劃及其他議題

MPS 在編製上並沒有考慮產能的限制,加以設計部門送來之設計圖也沒有加工的資訊,因此作業部門便要針對上述兩個缺口予以補足,如此才好進行後續之製造活動。

粗產能規劃

MPS 並沒有考慮產能的限制,因此 MPS 完成後,就要依據未來的產能和供應商的供貨能力來做**粗產能規劃**(rough-cut capacity planning, RCCP)。粗產能規劃在規劃時必須確認下列問題:

1. 是否有足夠的資金?
2. 機器設備是否能提供足夠的產能?
3. 供應商是否能適時、適質、適量的提供零組件或物料?

若上面三個問題只要有一個是否定時,就要修正 MPS。

途程規劃

一般設計圖雖然有產品的尺寸、形狀、公差、應用之零組件等資料,但沒有加工的方法、所需的機器設備、工序等資訊,因此現場部門無法利用設計圖進行產製。**途程規劃**(route planning)的目的就是要填補這塊缺口。

途程規劃是根據產品設計圖與施工說明書,構建出一個從進料到產出為止的所有加工方法與作業順序的加工途徑。因此一個途程規劃應考慮的因素有:

- 工序:從產品裝配圖或操作程序圖找出完整的工序。
- 最佳的產製程序:作業部門會利用**電腦輔助製程規劃**(computer-aided process planning, CAPP)找出最適合的工序並以適當的加工方式及機器設備來進行產製。
- 平衡機具間的負荷:根據 BOM 所示之種類、數量與規格,以及每一工作站所用機器的產能、加工能力來決定操作人員之數目與作業時間,以平衡機具間的負荷。
- 決定檢驗點:設立檢驗點的目的是確定所生產的產品符合產品規格。

要注意的是有些企業在主排程後緊接就是粗產能規劃,這種情況下,時間柵欄依舊是不可或缺之規劃利器。

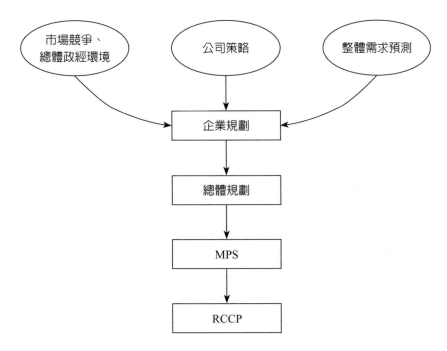

　　以上我們談製造業之總體規劃，接著再對服務業之相關課題略做說明。

服務業的總體規劃

　　因為服務產能不具儲存性，對突來的需求若不能在一定時間內提供服務，顧客便極可能轉頭而去，服務的需求又很難預測，如何建立一個適當的產能衡量便是一個不易克服的難題，因此用訂價策略來調節供需是一個很好的想法。**收益管理**（yield management，又稱 revenue management）就很重要。收益管理的重點是應用訂價策略，也就是經濟學之**差別取價**（price discrement）用分配產能之方式使收益極大化，亦即需求高時可用提高價格來壓低需求，需求低時可降低價格以擴大需求。

✚ 本節關鍵字

1. rough-cut capacity planning (RCCP)
2. route planning
3. computer-aided process planning (CAPP)
4. yield (revenue) management
5. price discrement

第11章
及時生產

11.1 　導論

及時生產（just-in-time, JIT）也稱為**精實生產**（lean production）。簡單地說 JIT 是在適當的時候、適當的地點生產適當品質及適當數量的必要物件之一種生產方式。JIT 尤適用於少量多樣之產銷環境。JIT 源於日本豐田汽車企業，所以它又稱為**豐田生產系統**（Toyota production system, TPS），日本其他企業稱這套生產系統為**新生產系統**（new production system, NPS），除此之外還有其他名稱。日本管理大師門田安弘（Monde Yasuhiro, 1940- ）稱 JIT 是繼泰勒科學管理與福特大量生產後之最具革命性的生產系統。

在研究 JIT 前有幾個基本觀念必須釐清：

推式生產 vs 拉式生產 —— JIT 是拉式生產

推式生產（push production）與**拉式生產**（pull production）是兩個不同的生產哲學。推式生產的主要特徵是：上一製程生產的工件由下一製程全然接受並根據事先規劃的工序繼續加工產製，這是傳統西方的生產方式。而拉式生產之現製程只在收到下一製程所發出的生產訊號後才繼續產製。這個生產訊號通常是**看板**（kanban），JIT 是採拉式生產。所以有人以拉式生產來代指 JIT，其實 JIT 包含的意義遠不止於此。

浪費

JIT 實踐者認知的浪費（日文漢字為無駄，讀做 muda）與英文的 waste 在意義上差很多，雖然國內與很多西方學者仍把日文的無駄譯成 Waste。

JIT 實踐者認為沒有附加價值的產製活動就是浪費，歸結起來有下列七大浪費，必須徹底根除：

1. 製造過多的浪費：因製造過早或過多而使得現場堆積了過多的存貨。
2. 等待的浪費：停工待料或監看機具設備而無法進行其他生產活動等都是等待浪費的例子。
3. 搬運的浪費：將物件從倉庫搬到工廠再到作業員旁，這種二次搬運或多次搬運都是搬運的浪費。
4. 動作的浪費：依動作有無附加價值而分工作與働作。有附加價值者為工作否則為働作。常見的動作浪費如填寫不必要的表單。
5. 存貨的浪費：存貨除衍生像倉儲成本外，它也是製程不良、產能不平衡等生產問題的根源，因此存貨被視為最惡劣的浪費。
6. 加工的浪費：加工的浪費包括加工方法不當或不必要的加工。
7. 不良品的浪費：對不良品之處理方式不論重工或低價品出售甚至報廢，都會造成材料、成本上之損失。

小集團活動

小集團活動（small group activities）是日式管理的特色之一。小集團活動是現場人員包括領班與作業人員以自願的、非正式的方式所組成之小團體以解決或改善現場的一些像不良率、設備保養、工作改善等生產問題。品管圈（QCC）就是小集團活動常見的一種型態，它雖然不能對品質改善有很大的貢獻度，但在激勵員工改善意識與員工自律上卻可收到良好的效果。

大JIT與小JIT

JIT 也有分大 JIT（big JIT）與小 JIT（little JIT）。所謂大 JIT 著重與供應商之關係、製造技術（含物料管理）、人力管理。小 JIT 則偏重於物料與排程。

11.2 　及時生產的目標

JIT的主要目標

JIT 有兩個主要目標：

1. 降低成本：JIT 實踐者認為只有根據「今天必要的工作量」算出來的成本才是真正的成本，其他的就是浪費。因此 JIT 只生產「今天必要的工作量」以避免生產過剩，從而大幅降低衍生的製造成本、搬運及貯存成本。

2. 減少存貨以使生產問題浮現：存貨過多時會因過時、變質、損壞等增加了倉儲成本甚至掩飾諸如製程不良、產能不平衡、不良率偏高之類的生產問題，若減少存貨則這些生產問題就會一一浮現，而得以改善解決，進而強化組織之競爭力。

JIT的次要目標

JIT 以降低成本、減少存貨為主要目標，為達此目標仍需做到下列三個次要目標：

1. 數量管理：用數量管理掌握產品之數量和種類，現場部門不論是實現三現主義（現場、現物、現實）還是改善活動都要以數據、事實為本。

2. 品質保證：現製程對下一製程提供適量、適質工件的品質保證。

3. 尊重人性：當企業運用人力資源來降低成本的目標時，要培養對人的尊重。

二個主要目標和三個次要目標是相輔相成的絕非互相孤立。

即時生產的支柱──自働化

自働化（autonomation，日文讀音 jidoka）的意思是當生產線出現問題的時候，機器就會感應而自動停止，因此自働化是指帶有「人智」的自動化。自働化在實施上，通常會在機器旁設一按鈕，生產線有問題時，作業人員可按下機器旁的按鈕使整條生產線停止，等問題排除後再重新啓動。自働化的目標是要將生產線「變為不斷線的生產線」，因此停止生產線只是一個手段絕非目的。

自働化在實施中常配有**燈號**（日文漢字為行燈，讀音與英文均為 andon）它是一種警示燈，當設備故障或生產有問題時燈號便會亮起，有時還配有蜂鳴器以催促儘速排障。因此燈號是目視管理的重要工具。

及時生產之構成要素

JIT 之構成如下頁表列各項，除了**以活動為基礎的會計**（activity-based accounting）與**預防保養**（preventive maintenance）外，其餘的本書均有詳

述。簡單地說，以活動為基礎的會計是根據工作活動的比率來分配經常費用，而預防保養是屬設備保養部門之專業領域。

JIT構成要素	
產品設計	1. 同步工程 2. 標準化 3. 模組設計
製程	1. 少量多樣 2. 零庫存 3. 縮短整備時間 4. 品質改善 5. 彈性生產 6. 防呆 7. 單元生產 8. 節拍生產
人員／組織	1. 多能工 2. 人性化管理 3. 持續改善 4. 以活動為基礎的會計*
製造規劃與管制	1. 平準化生產 2. 拉式生產 3. 目視管理 4. 限制在製品（WIP）之數量 5. 與供應商之夥伴關係 6. 預防保養*

＋ 本節關鍵字

1. autonomation
2. jidoka
3. andon
4. activity-based accounting
5. preventive maintenance

11.3 及時生產的現場配套措施

看板

　　看板（kanban）是上世紀 50 年代發展出來的重要目視管理工具。看板就是一個牌子，上面標誌著下一製程要本製程提交物件的名稱、數量、規格、何時要以及送到何處等資訊，因此我們可以說看板就是 JIT 製程間傳遞生產資訊的神經網絡。沒有它 JIT 就根本無法推動。

　　因功能不同而有不同的看板，其中以**領取看板**（withdraw kanban）與**生產看板**（production kanban）最爲重要。

1. 領取看板：領取看板記載後製程向前製程領取物件的名稱、數量以及運送起訖點。

2. 生產看板：生產看板記載前製程向後製程生產物件的名稱、數量。

　　此外還有一些輔助性的看板，看板爲 JIT 提供許多功能：

(1) 看板是現場傳遞生產及搬運的工作指令。

(2) 看板能防止過量生產和過量搬運：在沒有看板不准生產也不准運送的鐵律下，看板的確有防止過量生產和過量搬運的功能。

(3) 看板是現場目視管理的重要工具之一：在「看板必須附在實物上」以及「前製程按照看板取下的順序進行生產」之嚴格要求下，作業人員由看板資訊對本製程及下一製程的生產情況均能了然。

(4) 看板是現場改善的工具：因爲看板的實施使得存貨降低，如此可使生產問題逐一浮現而得以改善。

看板操作之原則

　　門田安弘指出看板在操作上必須嚴守下列原則，否則便會流於形式。

1. 絕不把不良品送到後製程。

2. 依看板上之指示，後製程在必要時領取必要數量。

3. 前製程只生產後製程領取之數量。

4. 看板是微調整的手段。

　　當下製程需求量變化幅度較小（如 10% 以內）時只需調整看板循環的速度，若幅度大時可增加看板或臨時看板，等產量正常後就收回這些看板。

看板使用公式

$$N = \frac{DT(1 + X)}{C}$$

其中：

N = 容器總數，每個容器有一張看板，因此亦相當於看板張數
D = 工作站的計畫使用率
T = 補充零組件的平均等候時間 + 一個容器的零組件之平均生產時間
X = 管理者設定的政策變數，越接近0系統越有效率
C = 標準容器的容量，C通常要求不得超過零組件每天使用量的10%

例題　設某工作中心一天使用 250 個零組件，一個標準容器，可裝 10 個零組件，一個容器平均 0.3 天完成一個週期（從收到看板到送回空容器的時間）。設管理者設定之政策變數為 0.1，求容器之數量。

解　D = 250　　T = 0.3　　C = 10　　X = 0.1

$$\therefore N = \frac{DT(1+X)}{C} = \frac{250 \times 0.3 \times (1+0.1)}{10} = 8.25$$

採無條件進位，即需 9 個容器。

快速換模

快速換模（SMEM）是日本現場改善大師**新鄉重夫**（Shigeo Shingo, 1909-1990）在上世紀 50 年代發展出來的，它的意思是要在 10 分鐘內完成換模，相較西方類似的換模要花兩小時，效率上真是天南地北。新鄉重夫以換模時是否要停機分成兩大類：
1. 內部整備：換模時必須停機。
2. 外部整備：換模在線外進行，故換模時機器照常運作。

快速換模是盡量把內部整備轉換成外部整備，以免因換模而停機，如此可縮短產製的前置時間。

防呆

防呆（foolproof，日文發音 poka-yoke）國內也有人譯為愚巧法。因為只要是人都不可避免地會有犯錯的可能，因此新鄉重夫提出防呆的概念與做法。防呆是預防工作或使用時，因不小心而發生的錯誤所做的一個設計。防呆已然成為在品質、工業安全甚至產品設計上重要的一環。例如車床都有紅外線裝置，一旦作業人員的手觸到紅外線時，車床的刀具立即停住以免傷手。電腦裡有一些凹槽，只有模組安置方向正確，才能將模組插入槽中。

＋ 本節關鍵字
1. kanban
2. withdraw kanban
3. production kanban
4. SMEM
5. foolproof

11.4 及時生產的效益、導入與未來發展

及時生產的效益

如果企業成功地導入 JIT 後，它應享有以下效益：

- 有效降低存貨，不僅節省存貨之貯存空間也減輕因存貨所造成的資金積壓。
- 公司與供應商有和諧的協力關係，減少採購前置時間與快速換模（SMEM），這些都有助於降低生產中斷的可能性，故可使生產過程更為順暢。
- 因採 U 型生產線，故可使生產的產品組合更具彈性。
- 提高品質，降低不良率及重工之機會。
- 鼓勵作業人員共同參與解決問題以及工作上互助之情誼，可激發作業人員之成就感與團隊精神。

及時生產導入之策略

日本企業在 TQM 有相當基礎後才會思考導入 JIT，門田安弘認為要確保 JIT 在導入後能成功運作，多會採取以下策略：

1. 先從降低整備時間著手，當面臨生產瓶頸或有不良品出現時，要取得作業人員的協助，去分析問題、解決問題。
2. 從最後製程開始逐步向前製程推動，確認一個製程成功後再向前製程推進，穩紮穩打切莫躁進。
3. 最後將供應商納入系統，要確認有哪些供應商有意導入 JIT。

平準化生產──引入JIT

當一個工廠要引入 JIT，首先要從平準化生產著手。我們在第 5 章談過，平準化生產是按生產節拍平穩地以小批量生產，不論產品的數量與品項上都要平準，目的是要縮短最大負荷與最小負荷間的差距。一個工廠或生產線實施平準化生產前必須先建立起下列的先決條件：

1. 重複性生產。
2. 零存貨。
3. 多能工（multifunctioner），多能工是特指具備同一工作站鄰近作業員的工作能力，以便在工作中能互相支援，不要按字義以為多能工是具有多少技術的人。
4. 與供應商關係和諧。
5. 一定時間內之產出量一定。

及時生產導入之關鍵成功要素

企業引入 JIT 時，因衝擊到現有之作業系統，難免會與現場人員根深蒂固的經驗、觀念或作業慣性有所衝突，而遭到員工抗拒。這就是為什麼有些廠商在導入 JIT 最後，不得不半途而廢。門田安弘歸結一些廠家能順利導入 JIT 的關鍵成功要素：

1. 公司高階主管的參與和決心。
2. 教育員工了解 JIT 的基本想法及導入 JIT 之必要性與具體做法。
3. 做好觀念上的溝通並有克服任何障礙之耐心與決心。
4. 要有挑戰現況的企圖心與明確的標竿以供師法。
5. 其他的技巧，如讓員工體現「只要努力去做的話，就會成功」。要讓員工不斷地進取向上，不要給員工過高的壓力和期望。

及時生產在導入時之障礙

JIT 在導入時並非無往不利的，常見的障礙有：

1. 高階主管不願做出承諾，且不支持；員工和管理者無法由互信而建立合作關係。
2. 企業文化上之藩籬，這在習慣以大量存貨來解決顧客需求之企業尤為常見。
3. 供應商不願配合，不配合的原因很多，如買方不願協助供應商納入 JIT，批量小、交貨頻仍對供應商是一大負擔，尤其品管責任由供應商負責及負擔買方可能的工程變更，對供應商更是一大負擔等。

及時生產未來發展方向

有些學者主張生產架構是以**限制理論**（theory of constraint, TOC）[註]為架構，加上 JIT 之「改善」這個元素，因此先用 TOC 的想法找出製程中之瓶頸，並將小數量之存貨置於瓶頸前以作為緩衝，同時藉由一個流之生產方式以及多能工、標準化等手法來提高生產效能。

也有些學者主張還可加入**工廠自動化**（factory automation）、FMS、IR 及 CAD/CAM 在 JIT 裡，以使得 JIT 有更多自動化之元素。

✛ 本節關鍵字

1. multifunctioner
2. theory of constraint (TOC)
3. factory automation

註：TOC 詳 14.6 節

第12章
存貨管理

12.1 　導論

存貨是什麼？

存貨（inventory, stock）包括供日後使用或銷售的物件以及辦公室用品、事務機器、作業設施所需要的備用配件等，但我們特別關切其中的**原物料**、**半製品**（WIP）及**製成品**（finished goods），因爲它們不僅占企業存貨的最大部分，還關係到產銷活動之進行，直接影響到企業的營運成本與利潤。

存貨的分類

存貨大約可分下列類型：

1. **預期性存貨**（anticipate inventory）：爲了滿足顧客不時的購買所做之存貨。
2. **季節性存貨**（seasonal inventory）：有季節性的存貨，蔬果就是例子。
3. **安全性存貨**（safety inventory）：爲避免不預期的需求、生產延誤或自然災害所預做之存貨。
4. **接續性存貨**（decoupling inventory）：爲了自進料、流程至將產品或服務配銷到顧客爲止的每一個環節都能順利運作以免有停工待料或市場缺貨所預做之存貨。
5. **週期存貨**（cycle inventory）：訂購週期內的存貨。
6. **通路存貨**（transit inventory）：也稱爲**在途存貨**（pipeline inventory），原物料至生產、服務處所，或工廠到另一工廠，或工廠到消費者間的存貨都是。

立特爾法則

美國麻省理工學院立特爾（John Little）於 1961 年提出**立特爾法則**（Little's law），它可用來粗估在途存貨數量。

立特爾法則
　　系統中平均存貨＝存貨平均需求率×存貨在系統中之平均時間

例如：一個產品 A 在系統內平均停留時間爲 12 天，若產品需求率爲 5 個／天，那麼產品 A 在系統內之平均存量爲 5 個／天 ×12 天＝60 個。

立特爾法則不僅適用於整個系統，亦適用於子系統之前置時間與在製品存量之關係。

存貨的功能——企業為什麼還要保有存貨？

即使 JIT 把存貨視為最惡劣的浪費，且認為存貨會積壓企業資金，企業基於下列原因仍會多少保有一些存貨。

1. 作業方面：
- 傳統上，製造業在製造過程中都會保有存貨來做為作業流程的一個**緩衝**。
- 為避免供應商交貨延遲或交貨的不良率偏高造成生產困頓而影響交期。

2. 滿足顧客需求方面：
- 顧客需求是不定時的，避免一旦缺貨就有轉向其他競爭者之產品或服務的可能。
- 一些有淡旺季的商品，在旺季來臨前會增加存貨以因應旺季時之**大量需求**（lump demand）

3. 採購的立場：
- 為了預防未來採購品價格上揚所以先預購囤放。
- 大量採購有與供應商議價的空間，從而取得數量折扣的好處。
- **經濟批量**（economic order quantity, EOQ）的考量，見 12.3 節。

存貨的策略

企業會因不同類別的存貨而有不同之應變策略，例如：
- 季節性存貨：盡量拉近需求率與生產率之差距。
- 安全存貨：下單的時間盡可能接近到貨的時間。
- 接續存貨：實施 JIT。
- 週期存貨：盡量減少批量。
- 通路存貨：縮短前置時間。

✚ 本節關鍵字

1. inventory
2. finished goods
3. anticipate inventory
4. seasonal inventory
5. safety inventory
6. decoupling inventory
7. cycle inventory
8. transit inventory
9. pipeline inventory
10. Little's law
11. lump demand
12. economic order quantity (EOQ)

12.2　有效存貨管理

有效存貨管理的要件

存貨管理的目標是以合理的存貨成本下提供顧客最好的服務水準。為了對存貨能有效地管理，企業必須有下列管理能力：

- 追蹤現有與訂單中的存貨系統的能力
- 可靠的需求預測，包括預測誤差的評估
- 充分掌握採購前置時間及其變異性的有關資訊
- 能合理地估計存貨的收關成本
- 對存貨種類有一分類系統

存貨盤點系統

存貨盤點是存貨管理的重要工作，在實施盤點前，備有盤點計畫並慎選盤點人員，除查核存貨與帳面是否相符、儲存作業有無弊端外並儘早採取防漏措施。有兩種基本存貨的盤點系統：

定期盤存系統

定期盤存系統（periodic system）是管理者每隔一固定期間對存貨進行盤點，然後估計下次到貨前之需求量，以決定訂購數量。

定期盤點系統因採購時間間隔固定較便於管理，此外在向同一供應商採購之多種商品時若能併在同一訂單內，不僅可節省訂購與運輸成本也可爭取到數量折扣。但是它的缺點是在兩次盤點間易變成管控之死角，因此必須備有額外存貨以防二次盤點間缺貨。

永續盤存系統

永續盤存系統（perpetual inventory system）是持續地對存貨進行盤點，因此能隨時掌握存貨狀況，任一物料接近其最低存貨水準時便會發出訂單訊號，因此永續盤存系統的優點是能對存貨提供較嚴密的控管，又因每次訂購的數量固定，因此可決定最佳的訂購量，但它增加了管理以及帳務處理的困難。

在此我們要介紹另外二個簡單的存貨控制：

雙箱系統

雙箱系統（two bin system）又稱雙倉制，這是永續盤存系統的一個特例。雙箱系統是用兩個箱子裝存貨，先從第一個箱子取貨，等第一個箱子用完後再向第二個箱子取貨，同時發出訂單，因為不用保存存貨記錄，所以極便於管理，但也因而難免會有浪費的情形。雙箱系統通常可應用在價值低但又常使用之存貨，如文具、螺釘、螺帽等。

ABC 分類法

ABC 分類法（ABC approach）是按存貨年耗用金額，由大至小順序排列，由各品項每年耗用金額百分比，計算貨品占全部品項的百分比，然後根據累計百分比，分成 ABC 三類。其中：

- A 類存貨品項數占全部存貨品項數約 10%，總金額約全部存貨金額 70%，這就是所謂**重要的少數**（vital few）。這類存貨應嚴格管制，隨時保持完整、精確的存貨異動資料。
- C 類與 A 類恰好相反，存貨品項數目占全部存貨品項數約 70%，總金額約占全部存貨金額 10%，這就是所謂**不重要的大多數**（trivial many），例如耗材等，此類管制可放鬆。
- B 類存貨品項數占全部品項數約 20%，總金額約占全部存貨金額 20%，此類管制之強度介於 A、C 類之間。

在實務上，不必拘泥於 ABC 分析中所用的百分比，我們也可定 A 類存貨為品項數占全部存貨品項數約 20%，總金額約占全部存貨金額 60% 等。ABC 分類法簡單易懂，除存貨管理外，亦廣泛地應用在各類管理分析。

電腦化存貨管理

在 IT 進步的今日，許多企業已發展出電腦化的查核，許多產品都貼有**通用產品碼**（universal product code, UPC），管理者透過**銷售時點系統**（point-of-sale system, POS）或**無線射頻辨識**（radio frequency identification, RFID）可更有效地進行存貨管理的自動化。

POS 系統

POS 系統也是以電子化方式記錄實際之銷售量，它的主要功能在於統計商品銷售之品類、數量，以及不同商品之即時存量，將 POS 數據放入資料庫可利用大數據分析出顧客購買行為，在餐飲、書店、百貨等均可看到 POS 之應用。

無線射頻辨識

我們可試想一個大製造工廠，有成千上萬個零組件存放在庫房裡，想要找到某個零組件可能是個費時又費力的工作，這時如果有某個能讓人立即找到其位置的工具，對作業效率一定有很大的幫助，RFID 就是這個利器。RFID 利用無線通訊技術，在應用時，每個物件都附有一個 RFID **標籤**（tag），標籤內有物件的詳細資料（例如：品名、型號、有效期限、放置位置等），管理者只需由**讀取機**（reader）發射無線射頻（RF），標籤便會傳回標籤內的資訊。除了可偵知某個物件在供應鏈中的哪個階段外，掃描商品條碼可減少錯誤並加快處理，在製造現場，它可增加領貨與組裝作業的精確性，若將讀取機放在門口，它還可防止偷竊。總之，RFID 不僅改善了存貨管理外，它

對企業與顧客、供應商關係的強化都有正面的意義，也提高了供應鏈的能見度，RFID 價格不高，所以在工廠、賣場、書店等地均有廣泛應用。

存貨週轉率——衡量存貨績效的指標也是企業經營的指標

存貨週轉率（inventory turnover）是常見的評估存貨管理績效指標。

> 存貨週轉率 = 營業成本 / 平均存貨成本。

顯然，存貨週轉率反映了存貨週轉速度，從而也反映了存貨之流動性與存貨資金占用量是否合理，這也體現企業之**短期償債能力**（short term eiquidity）（短期償債能力是企業償還流動負債的能力，其大小即反映了資產轉換現金的速度）。存貨週轉率越高表示存貨低，資本運用效率也越高。

例題 某企業之生產、銷售部門之年度財務報告摘要如下：
1. 原料成本：全年 1,200 萬元，期初原料折值 200 萬元，期末原料折值 800 萬元。
2. 銷售成本：全年 16,000 萬元，期初銷貨成本 3,700 萬元，銷貨成本 4,300 萬元。

試分別求存貨週轉率，又平均存貨持有天數（若一年以365天計）

解 1. 原料存貨週轉率 $= \dfrac{原料成本}{平均存貨成本}$

$= \dfrac{原料成本}{(期初原料成本+期末原料成本)/2}$

$= \dfrac{1,200}{(200+800)/2} = 2.4$

原料存貨平均持有天數 $= \dfrac{365}{2.4} = 152.08$ 天

2. 銷售（成品）存貨週轉率 $= \dfrac{銷貨成本}{平均銷貨成本}$

$= \dfrac{銷售成本}{(期初成品銷貨成本+期末銷貨成本)/2}$

$= \dfrac{16,000}{(3,700+4,300)/2} = 4$

成品存貨平均持有天數 $= \dfrac{365}{4} = 91.3$ 天

　如前所述，存貨週轉率顯示清光存貨的次數，因此存貨週轉率越高顯示存貨越低，資本運用之效率也越好，但太高時可能顯示存貨不足，恐會影響到銷售機會。

　但每個產業之合理存貨週轉率不同，因此存貨週轉率應和同業比較，此外亦可用在企業之前後期比較，當我們用存貨週轉率做前後期比較時，可能要考慮存貨之價格、產業、市場變化情形等因素，如此才好做出公允之評析。

✚ 本節關鍵字

1. periodic system
2. perpetual inventory system
3. two bin system
4. ABC analysis
5. vital few
6. trivial many
7. universal product code (UPC)
8. point-of-sale system (POS)
9. radio frequency identification (RFID)
10. tag
11. reader
12. inventory turnover
13. short term eiqudity

12.3 經濟訂購模式與經濟產量模式

據估計，存貨約占資產總額 25%，那麼企業為保有存貨需要哪些費用？**購買成本**（purchase cost）、**持有成本**（holding cost 或 carry cost）、**訂購成本**（ordering cost）與**缺貨成本**（shortage cost）都是。

1. 購買成本：購買時付給供應商或廠商的費用，這是占存貨成本最大部分。
2. 持有成本：為了保有存貨所花費的成本，包括：利息、保險、折舊、稅金、損壞、失竊等。持有成本並不易估算，一般是以售價之 20～40% 或某個金額作為持有成本。
3. 有了上述成本資料，我們便可建立**經濟訂購模式**（economic order quantity, EOQ）。

EOQ模式

1. 假設
   (1)只有一項產品
   (2)每年之需求量為已知，且需求在整個年度內均勻使用，即需求率（使用率）為一常數
   (3)訂購之前置時間（自發出訂單至購貨入庫）為已知且為固定
   (4)每次訂購均為一次送達
   (5)無數量折扣
2. 符號：Q＝每次訂購量，D＝需求率，H：單位持有成本，S＝每次訂購成本
3. 求最適之Q值以使全年總成本TC＝全年持有成本＋全年訂購成本為最小
4. EOQ公式：

$$Q = \sqrt{\frac{2DS}{H}}$$

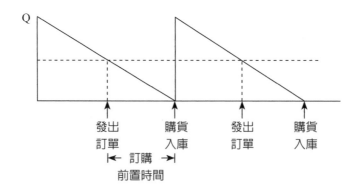

EOQ 公式之導出

TC = 全年持有成本 + 全年訂購成本

(i) 全年持有成本 = 年平均存量 × 單位持有成本 $= \dfrac{Q}{2}H$

(ii) 全年訂購成本 = 年訂購次數 × 每次訂購成本 $= \dfrac{D}{Q}S$

$\therefore TC = \dfrac{Q}{2}H + \dfrac{D}{Q}S$

為求全年總成本 TC 為最小之訂購量 Q，我們對 Q 微分，並令 $\dfrac{d}{dQ}TC = 0$：

$$\dfrac{d}{dQ}TC = \dfrac{d}{dQ}\left(\dfrac{Q}{2}H + \dfrac{D}{Q}S\right) = \dfrac{H}{2} - \dfrac{DS}{Q^2} = 0$$

得 $Q = \sqrt{\dfrac{2DS}{H}}$

又 $\dfrac{d^2}{dQ^2}TC = \dfrac{2DS}{Q^3} > 0$

$\therefore Q = \sqrt{\dfrac{2DS}{H}}$ 為使 TC 為最小之訂購量。

例題 1. 若公司每年要外購 8400 個某型鋼圈，鋼圈之每年持有成本為 $12，每次訂購成本為 $350，假設公司一年營運 300 天，求 (1) EOQ。(2) 一年訂購次數。(3) 訂購週期長度。(4) 年度總成本。

解 (1) 依題意 D = 8400，H = 12，S = 350

$$\therefore Q^* = \sqrt{\dfrac{2DS}{H}} = \sqrt{\dfrac{2 \times 8400 \times 350}{12}} = 700$$

(2) $\dfrac{D}{Q} = \dfrac{8400\,(個／年)}{700\,(個／次)} = 12$ 次／年

(3) $\dfrac{Q}{D} = \dfrac{700\,(個／次)}{8400\,(個／年)} = \dfrac{1}{12}$ 年／次

$\therefore 300$ 天／年 $\times \dfrac{1}{12}$ 年／次 $= 25$ 天／次

即訂購週期為 25 天

(4) $TC = \dfrac{Q}{2}H + \dfrac{D}{Q}S$

$$= \dfrac{700}{2} \times \$12 + \dfrac{8400}{700} \times \$350 = \$8400$$

例題 2. （承例題 1）若鋼圈之買價為 $12，且年持有成本為買價之 25%，其他題給條件不變，試重解之。

解   (1) $Q^* = \sqrt{\dfrac{2 \times 8400 \times 350}{12 \times 25\%}} = 1400$

    (2) $\dfrac{D}{Q} = \dfrac{8400}{1400} = 6$ 次／年

    (3) $\dfrac{Q}{D} = \dfrac{1400}{8400} = \dfrac{1}{6}$ 年／次 $\therefore$ 300 天／年 $\times \dfrac{1}{6}$ 年／次 $= 50$ 天／次

    (4) $TC = \dfrac{Q}{2}H + \dfrac{D}{Q}S$

            $= \dfrac{1400}{2} \times 12 + \dfrac{8400}{1400} \times 350 = \$10,500$

經濟產量（EPQ）模式

    經濟產量模式（economic production quantity, EPQ）適用於批量生產，它是每個生產循環，當存量為 0 時開始生產（P）且同時使用（U），當到了最高點後就完全只有使用，一直到存貨為 0 為止，然後又開始第二個循環，周而復始。EPQ 之假設大致與 EOQ 相同，只不過多了生產率 P 與使用率 U，且二者均為固定。

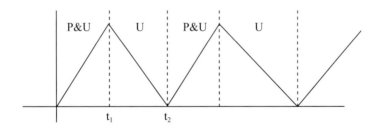

    目標：求總成本最低時之經濟生產量 Q^*

    推導：EPQ 之總成本為 TC = 持有成本 + 建置成本

(1) 持有成本

    以生產率 p 來生產出 Q 需時 $\dfrac{Q}{p} = t_1$，在 t_1 時存量最高，為 $(p-u)\dfrac{Q}{p}$，那麼在第一個循環中之平均存量為：

$$\dfrac{\text{三角形面積}}{t_2 - 0} = \dfrac{\dfrac{1}{2}(p-u)\dfrac{Q}{p} \cdot t_2}{t_2} = \dfrac{1}{2}\dfrac{p-u}{p}Q$$

$$\therefore 持有成本 = \frac{1}{2}\frac{p-u}{p}QH$$

(2) 建置成本 $= \frac{D}{Q}S$

$$\therefore TC = 持有成本 + 建置成本 = \frac{p-u}{2p}QH + \frac{D}{Q}S$$

$$令 \frac{dTC}{dQ} = \frac{p-u}{2p}H - \frac{D}{Q^2}S = 0$$

$$得 \frac{Q^2}{DS} = \frac{2p}{(p-u)H}$$

$$\therefore Q = \sqrt{\frac{2DS}{H}}\sqrt{\frac{p}{p-u}}$$

$$又 \frac{d^2TC}{dQ^2} = \frac{2D}{Q^3}S > 0，知最佳生產大小爲 Q = \sqrt{\frac{2DS}{H}}\sqrt{\frac{p}{p-u}}$$

PEQ 模式在應用時只需把幾個成本，生產率及使用率代入即可，不另舉例說明。

✚ 本節關鍵字

1. purchase cost
2. holding cost
3. carry cost
4. ordering cost
5. shortage cost
6. economic production quantity (EPQ)

12.4 再訂購點模式

EOQ 模式解答了最適訂購量，但無法指出何時要訂購（即何時發出訂單）。本節之**再訂購點**（reorder point, ROP）是要解答存貨數量少於哪一個預定量（如前置時間之預期需求或額外之緩衝存貨）就要訂貨？又訂貨之數量為何？ROP 模式之目的是降低採購前置時間內發生缺貨之機率。

ROP 模式因需求與前置時間有無變異性可分確定性模式與隨機性模式二種：

一、需求與前置時間均無變異性

當需求與前置時間均無變異性時，ROP 為確定性模式，此時需確保前置時間內有足夠存貨，故 ROP = d×LT，其中

$$d = 需求率（單位／日，週，……）$$
$$LT = 前置時間$$

例題 1. 每天使用 200 個單位，訂購前置時間為一週，求 ROP

解 $d = 200$ 單位／日，$LT = 7$ 日
∴ ROP = d×LT = 200 單位／日 ×7 日 = 1400 單位
即在存貨在 1400 單位時即行發出訂單。

二、需求率與前置時間至少有一個是隨機的

首先我們介紹兩個名詞：

1. **安全存量**：需求率與前置時間至少有一個是隨機的情況下，實際需求有可能超過預期需求，因此企業必須備有安全存量做為緩衝。

因此我們令 ROP = 前置時間內期望需求量 + 安全存量

2. **服務水準**（service level）：服務水準定義為在前置時間內不缺貨的機率。

服務水準 = 1 − 缺貨的機率（α），α 又稱為風險

我們又可分 (1) 需求量服從常態分配，前置時間為常數及 (2) 需求量為常數，前置時間為服從常態分配之二個情形討論：

(1) 僅需求量 D 服從常態分配（每個 LT 內之 D 均為隨機獨立）

我們以隨機變數 D 表需求量，其期望值 $\bar{d}$，變異數 σ_d^2，即 D 服從常態分配 $n(\bar{d}, \sigma_d^2)$，在服務水準 $1 - \alpha$，則 $Y = \sum\limits^{LT} D \sim n(LT \cdot \bar{d}, LT\sigma_d^2)$，∴服務水準

$1 - \alpha$ 之 ROP 滿足 $\dfrac{ROP - LT \cdot \bar{d}}{\sqrt{LT}\sigma_d} = z_{1-\alpha}$，即 $ROP = LT \cdot \bar{d} + z_{1-\alpha}\sqrt{LT}\sigma_d$

(2) 僅前置時間 LT 服務常態分配（每個 LT 均為隨機獨立）

$$LT \sim n\,(\overline{LT}, \sigma_{LT}^2) \text{ 則 } dLT \sim n(d\overline{LT}, d^2\sigma_{LT}^2)$$

∴ 服務水準 $1 - \alpha$ 下之 ROP 滿足 $\dfrac{ROP - d\overline{LT}}{d\sigma_{LT}} = z_{1-\alpha}$

∴ $ROP = d\overline{LT} + d\sigma_{LT}z_{1-\alpha}$

在此，我們要注意：

(1) 在上面二個情況中我們加了隨機獨立的假設，主要是便於統計運算。

(2) 若前置時間 LT 與需求量 D 均為服從常態分配，因 D · LT 不服從常態分配，故無法應用常態分配來求 ROP。

例題 2. 我們公司對鋼料在採購前置時間內之需求量大致合乎常態分配 $n(30, 5^2)$（單位：公噸），若公司可接受缺貨風險為不超過 5%，則
(1) $n(30, 5^2)$ 之意思？
(2) 對應 z 值應為何？
(3) 求安全存量？
(4) ROP？

解 (1) $n(30, 5^2)$ 表示鋼料需求量是服從平均數（或期望值）為 30 公噸，標準差為 5 公噸之常態分配。
(2) 缺貨風險不超過 5% 對應之 z 值為 z = 1.65
(3) 安全存量 $= z\sigma_{dLT} = 1.65 \times 5 = 8.25$（公噸）
(4) ROP = 前置時間之期望需求 + 安全存量 = $30 + 8.25 = 38.25$（公噸）

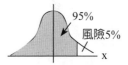

例題 3. 我們公司對鋼料每週需求為 $n(30, 5^2)$（單位公噸），若前置時間為 2 週，假設公司對缺貨風險不超過 5%，求 ROP，並說明它的意思。

解 公司對缺貨之可接受風險為 5%，故 z = 1.65
∴ $ROP = d \times LT + z\sigma_\alpha\sqrt{LT}$
$= 30 \times 2 + 1.65 \times 5 \times \sqrt{2}$
$= 71.67$（公噸）
它表示存貨水準在 71.67 公噸時即應訂貨。

＋ 本節關鍵字

1. reorder point (ROP)　　　　　　　　　　2. service level

第13章
MRP與ERP

13.1 導論

獨立需求與相依需求

製造業物料的進用與排程有關，因此一個完善的生產規劃在某特定進度會進用哪些零組件、物料？數量多少？都會有明白規定。在實務上，有很多零組件、物料是有許多甚至全部產品均可共用，當然也有些只是某些單一產品所特有。同時有些零組件、物料的需求有賴其他零組件、物料的需求，這就涉及**獨立需求**（independent demand）與**相依需求**（dependent demand）的問題，因此前章的 EOQ 或 ROP 模式便不適用。

獨立需求是指某個物件的需求量與其他物件之需求量無關，例如產品。反之相依需求是指某個物料的需求量與其他物料的料件有關，一般而言，製程中的零組件屬相依需求。這些觀念對本章之**物料需求規劃**（material retuirement planning, MRP）極為重要。

物料清單

物料清單（bill of material, BOM）是 MRP 三個主要投入之一，BOM 是一個表單，表單內列出生產一個單位之產品所需裝配件、零組件、原物料等，通常一個產品就要一份屬於自己的 BOM。BOM 之表單內容是以階層方式表現，因此，它是**樹形圖**（tree diagram）。

最終產品稱為**親項**（parent），由親項將產品在製程中用到的零組件、物料、半製品逐一往下分解，就可以得到一個樹形圖稱做**產品結構樹**（product structure tree），我們會在最低階層（即第一層）看出零組件的需求量，一單位產品所耗用的零組件、物料、半製品等種類與數量。這是一個很繁瑣的工作，幸好這個工作可由 MRP 之**低階編碼**（low-level coding）功能將零組件之需求都呈現在其最底層。

例題　假設有 2 個產品 X、Y，它們的產品結構樹如下：

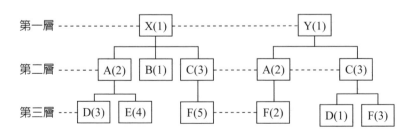

上圖之意思（以產品 X 為例），1 個產品 X 要 2 個零組件 A、1
個零組件 B 及 3 個零組件 C；又 1 個零組件 A 需 3 個零組件 D 及
4 個零組件 E；1 個零組件 C 需 5 個零組件 F，其餘可類推。
現在要生產 10 個產品 X 及 12 個產品 Y，庫存調查如下：

	X	Y	A	B	C	D	E	F
庫存	3	4	2	5	3	2	8	100

問零組件 B、D、E、F 還需再生產若干？

解　為了便於計算，我們將零存貨在產品X中先分攤，如果還有剩餘之存
貨，再攤入產品 Y：

因此生產 2 個 B，42 個 D，14 個 F

有效BOM之要件

對一位 MRP 規劃者或執行者而言，如何建有一個有效的 BOM 是個極為
關鍵的課題。有效率的 BOM 應具有下列幾個要件：
- 資料庫便於維護、更新。
- 資料之結構便於計算機處理。
- 不會太占電腦記憶空間。
- 便於線上即時查詢。

＋ 本節關鍵字

1. independent demand
2. dependent demand
3. material retuirement planning (MRP)
4. bill of material (BOM)

5. tree diagram
6. parent
7. product structure tree
8. low-level coding

13.2 MRP

MRP的基本想法

過往，製造業在排程與訂購面臨以下難題：
1. 排程：處理大量的零組件、排程與訂單變更是一件龐雜的事。
2. 訂購：用獨立需求的方法如 EOQ 模式等處理相依需求採購，造成大量存貨。

大約上世紀 70 年代出現了 MRP，MRP 是將 MPS 所示之完成品需求量分解成不同階段之裝配件、零組件、原物料需求量的資訊軟體。MRP 是從**到期日**（due date）起利用前置時間等資訊推算各物件之訂購時間與數量。因此 MRP 是物料管理也是排程管理，是一門技術也是一門哲學。

MRP 利用 MPS、BOM、存貨情況及**未交訂單**（open order）等資料，計算出各種相依物料之需求狀況。因此它要對已發出訂單的訂購點與數量提出修正，當存貨為負時提出新訂單。因此，MRP 的目的是要解答下列問題：
• 補充什麼？
• 補充多少？
• 何時補充？

MRP輸入

MRP 輸入的資料有：MPS、物料清單（BOM）與**存貨記錄檔**（inventory record file, IRF）。MPS 與 BOM 已說明過，在此僅就存貨記錄檔說明如下。

由 BOM、MPS 分解成的各階段需求稱為**毛需求**（gross requirement），再依下列公式便可求出**淨需求**（net requirement）。

> 淨需求 = 毛需求 － 現有庫存 + 預定接收量的總和 + 安全存貨

存貨記錄檔是每個項目在每一個時期之存貨資訊，包括了毛需求、現有需求、預定接收量、安全存貨等項，它也包括每個項目之存貨細節（如供應商、採購之前置時間、批量大小等）以及退貨變更、取消訂單等資訊。

MRP輸出

MRP 輸出可分**主要報告**（primary report）與**次要報告**（secondary report）兩種
1. 主要報告
• **計畫訂單**（planned order）：未來訂單的時間和數量的排程。

- **訂單發出**（order release）：授權訂單的實行。
- **訂單改變**（order change）：到期日、訂單數量和訂單取消的修正。
  2. 次要報告
- **績效管制報告**（performance-control reports）：可用來協助管理者衡量交期延誤和缺貨等計畫偏差，以及評估成本績效。
- **計畫報告**（planning reports）：可用來評估未來物料的採購需求和其他資料。
- **例外報告**（exception reports）：例外報告指出訂單的延遲和過期、高不良率、報告錯誤和不存在零件的需求。

　　主要報告是供決策者在生產控制與存貨決策之用，因此它是必備的；次要報告僅供決策者參考用的，所以它是有選擇性的。

MRP系統更新

　　在 MRP 規劃期間有的訂單才完成，有的訂單剛進來，這些都會使得 MRP 資訊發生變動。因此 MRP 系統常須更新，MRP 更新有下列兩種方式。

1. **再生式系統**（regenerative system）：再生式系統定期地更新 MRP 的資訊，它適用於較穩定的系統。再生式系統的好處是兩次修正間內所發生的變動可能會相互抵銷，如此便可避免淨變式系統之一有變動就修正的麻煩，所以處理成本較淨變式系統爲低。

2. **淨變式系統**（net-change system）：淨變式系統只要在 MRP 的資訊有變動時就會變更。淨變式系統適用於變動頻仍的系統，因此有 MRP 使用者採「小變動以定期變更，大變動以立即變更」之權宜措施。淨變式系統的好處是除減少電腦作業成本外，管理者可用最新的資訊來規劃和管制。

✚ 本節關鍵字

1. due date	9. order release
2. open order	10. order change
3. inventory record file (IRF)	11. performance-control reports
4. gross requirement	12. planning reports
5. net requirement	13. exception reports
6. primary report	14. regenerative system
7. secondary report	15. net-change system
8. planned order	

13.3 MRP之計算例與其他議題

MRP的計算

例題 1. 設產品 D 之產品結構樹如右，假設 P、A、B 之前置時間（LT）分別為 1、2、3 週，且 P、A、B 之期初存貨均為 0，現收到一個訂購產品 P 共 100 件的訂單，試建立 MRP。

P(1)
|
A(2)
|
B(3)

解 P 之 MPS 為第 7 週完成 100 件

		1	2	3	4	5	6	7
P LT = 1	淨需求							100
	計畫訂單接收量							100
	計畫訂單發出量						100	
A LT = 2	淨需求						200	
	計畫訂單接收量						200	
	計畫訂單發出量				200			
B LT = 3	淨需求				600			
	計畫訂單接收量				600			
	計畫訂單發出量	600						

例題 2. 承例題 1，假設 P、A、B 之期初存貨分別有 10、20、30 件，訂購量仍為 100 件

解 P 之 MPS 為第 7 週完成 100 件

		1	2	3	4	5	6	7
P LT = 1	毛需求							100
	存貨							10
	淨需求							90
	計畫訂單接收量							90
	計畫訂單發出量						90	
A LT = 2	毛需求						180	
	存貨						20	
	淨需求						160	
	計畫訂單接收量						160	
	計畫訂單發出量				160			

		1	2	3	4	5	6	7
B LT = 3	毛需求				480			
	存貨				30			
	淨需求				450			
	計畫訂單接收量				450			
	計畫訂單發出量	450						

MRP的安全存量

我們在建立 MPS 後即假設需求不再變異,照理說 MRP 模式是不需要安全存量,但實務上常常因為生產碰到瓶頸、不良率偏高、訂單延遲、停工待料等不預期事件,因此不得不備有一些安全存量以使生產順暢。

對多階項目任何零組件缺貨都會影響到最終產品的產出,若對低階種類安排安全存量又會喪失 MRP 的優點。對那些有變異性的作業處理方式之一是,當前置時間變動時就用安全時間來取代安全存量;數量為變動時就需要安全存量。

+ 本節關鍵字
1. lot for lot

13.4 MRP的其他議題

MRP成功實踐之要素

要能成功地實踐 MRP 之要素有：

- MRP 之操作者應有熟悉之 MRP 知識與電腦操作之能力。
- MPS、BOM 與 IRF 之資訊都必須是正確且保持更新之狀態。
- 完整的資料檔案。

MRP實踐成功的效益

並非所有導入 MRP 之企業都能順利，成功之運作，但若運作成功則有以下之利益：

- 減少原料、WIP、外購元件與在製品之存貨。
- 具有持續地追蹤物料需求之能力。
- 對 MPS 或需求變動時能快速回應。
- 可由最終項目之BOM推知存貨之使用量，此即所謂的**逆推**（backflushing）。

JIT與MRP之比較

JIT 與 MRP 有相同的基本目標，包括：

- 降低存貨水準。
- 降低生產成本。
- 提高準時交貨之服務水準。

但兩者仍有相當差異處：

	MRP	JIT
適用製程	任何製程均適用	適於重複性製程
系統目標	建立有效之物料計劃	強調精實生產
系統輸入與控制	MPS、BOM、IRF、派工令訂單等，需有強大電腦	MPS、看板、警示燈等
存貨	生產過程必有之結果	視為浪費，必須徹底除去
MPS	允許高度變化之 MPS	適用於高度穩定之 MPS
批量	適用批量大之生產系統	適用批量小之生產系統
前置時間	必要存在	減少前置時間
品質	允許不良率	追求 ZD，以製程管制代替品質檢驗
供應商	以公開招標方式遴選供應商	與供應商有夥伴關係

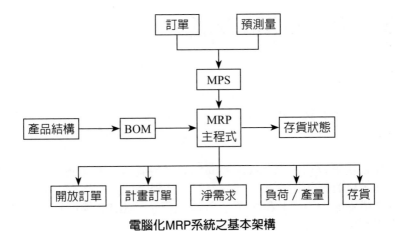

電腦化MRP系統之基本架構

＋ 本節關鍵字
1. backflushing

13.5　MRPII與ERP淺介

MRPII

1980 年代，MRP 系統將行銷、財務、採購等納入規劃而成一個新的作業系統，叫做**製造資源規劃**（manufacturing resources planning, MRPII），MRP 雖然仍是 MRPII 的核心，但這並不意味著 MRPII 是去改善或取代 MRP。

MRPII 系統更有利於部門與部門間的溝通與協調，因此遇到問題較易於解決。尤其，MRPII 可用「if ... then」的方式對問題進行模擬，大大地增加了管理者之權變能力。當計畫生產量超過產能時，MRPII 還能針對訂單急迫的程度去規劃優先處理之順序。

封閉迴路的MRP

傳統的 MRP 並無評估計畫可行性的功能，因此我們無法由 MRP 預先判知此計劃是否能完成，或計劃是否已完成。有回饋迴路之 MRPII 系統稱為**封閉迴路的 MRP**（closed-loop MRP），封閉迴路的 MRP 可用做評估物料計畫是否有可用的產能，若否則需修正。如此便達到**產能需求規劃**（capacity requirement planning, CRP）的階段。

產能需求規劃

產能需求規劃（CRP）的規劃重點是定出短期產能需求的過程，它的投入有 MRP 訂單發出量、現場負荷、途程資料及工時；它的產出包括各工作中心的**負荷報告**（load reports）等。基本上，MRP 無法判斷 MPS 是否可行，因此我們可用 MRP 去執行一個建議的 MPS，若執行結果為不可行就要去調整產能或修改 MPS 直到可行為止。因此作業部門或工作中心之負荷和加工能力是 CRP 考慮的重點。

ERP

MRP 的重點是成本與排程，MRPII 則強調資源的整合。而**企業資源規劃**（enterprise resource planning, ERP）則將業務有關的資訊以模組的方式（包括產品規劃、存貨管理、採購、行銷、配銷、財務／會計、人力資源等）整合到一個大的資訊系統中。透明且即時的資訊，更有利於作業流程順暢和事務處理的自動化。ERP 能使企業兼顧到各部門業務現實上的需要和市場需求下做出最佳決策。因此有人稱 ERP 為**事務處理中樞**（transactional backbone），ERP 除了製造業外也應用在服務業。

ERP 是個很複雜的資訊系統。執行 ERP 雖然非常耗用成本，尤其在使用者之訓練上，但因它有以下功能，故仍為許多企業使用：

- ERP 有一個重要功能，就是當某一個業務模組更新時，這個資料會很快地傳輸到其他模組而使得所有資料都立即隨之更新。

- ERP 統合企業所有業務資料為單一資料來源。
- ERP 提供某種業務或企業之**最佳典範**（best practice），對企業建立**標竿**極有幫助。

生產計畫鳥瞰

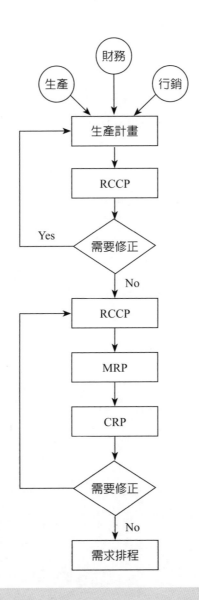

第14章
供應鏈管理

14.1　導論

供應鏈

　　供應鏈是與生產及運送產品或服務有關之設施（包括倉庫、工廠、配銷中心、零售商通路等）、功能及活動（包括預測、採購、存貨管理、QA、生產、排程、配銷、運送、客服等）的一連串組織。舉凡從進料、產製到最終消費者為止，其間所經歷的部門或企業都是供應鏈的組成份子。供應鏈中的每個伙伴企業也可能是其他多個供應鏈的成員，這些都是我們一再強調的。從供應鏈最下游之顧客端到最上游的供應商，其間原物料、在製品（WIP）、存貨與完成品在供應鏈流程中會增加價值，因此供應鏈又稱為**價值鏈**（value chain）。物流、金流與資訊流就是供應鏈的三個最主要的內容。

　　組織內外的運輸、倉儲、包裝、加工、資訊等由供應商一直到消費者或指定地點的整個流通過程稱為**物流**（logistics），因此它是供應鏈的一環。

供應鏈管理

　　供應鏈管理（SCM）的目標是讓企業能有效整合供應鏈裡的伙伴企業，以使從原料供應、製程間之運輸一直配銷到最終顧客為止，都能以最有效、最經濟的方式將產品或服務如期、如質、如數地送到客戶指定的交貨地點。企業之營運規劃均以 SCM 為主軸，外延到顧客關係管理（CRM），供應商管理等範疇。因此 SCM 的關鍵議題計有：

- 改善供應鏈管理作業：如何決定適當的外包水準？如何建立企業與供應商的介面？如何評鑑供應商？如何強化與顧客關係？如何強化供應鏈的採購、配銷和物流的效率？這些都是企業持續改善 SCM 的重心。
- 擴張全球化的版圖：拜全球資通科技（ICT）以及國際分工之賜，跨國性企業供應鏈早已觸伸國外。在全球化下，拉大了供應鏈的長度，也平添了SCM 的複雜度。以往在本國不存在的問題，在全球化下都有可能發生，包括文化的差異、匯率的波動、政局的衝突等議題，因此風險管理成為全球供應鏈很重要的部分。

e企業與供應鏈管理

　　e 化企業（e-business）包括用網路進行交易，它改變了企業、顧客與經銷商間的互動方式。e 化企業中的**電子商務**（e-commerce）為作業部門的生產計畫、作業自動化所不可或缺的，也是企業與供應鏈上、下游夥伴企業協同運作機制之核心。

　　企業 e 化前應把持著 e 化只是手段絕不是目的。企業 e 化應聚焦於如何藉由 e 化以使企業能突破經營之瓶頸而持續贏向競爭優勢。因此，我們在建構

e 化過程中必須以企業營運流程爲導向，切莫因 e 化而 e 化。在 SCM 觀點，企業 e 化就以 SCM 爲主軸，進而建立企業與供應鏈上、下端之供應商與顧客之協同運作機制。我們將在後面進行討論。

訂單履行

如何快速回應顧客是 SCM 一件極爲重要的事。**訂單履行**（order fulfillment）即是指企業回應顧客之流程，而履行時間則取決於產品客製化的程度。

客製化廠商履行顧客訂單的方式有：

1. **存貨生產**（make-to-stock, MTS）：根據市場需求預測先行產製後庫存或舖貨在銷售點上供顧客採購，如超商、百貨企業。
2. **訂單生產**（make-to-order, MTO）：依顧客訂單指定之規格進行生產。
3. **組裝生產**（assemble-to-order, ATO）：依顧客指定之規格，以標準化和**模組化**（modularization）的零組件進行組裝，如電腦製造。
4. **工程設計生產**（engineer-to-order, ETO）：依顧客所需之規格，進行產品設計和產製，如大規模建築專案、零工式生產等均是。

＋ 本節關鍵字

1. value chain
2. logistics
3. e-business
4. e-commerce
5. order fulfillment
6. modularization

14.2 供應鏈管理之長鞭效應

長鞭效應

如果我們甩一根牛皮鞭子，手腕甩的力道越大，那麼鞭子的尾端力道就越大，類似的情形也發生在供應鏈。供應鏈之需求量發生變動時，這些變動都會往上游逐步放大，因此最下游的客戶端需求變動越大，那麼越往上游之供應商被影響的程度就越大，J. Forrester 稱這種現象為**長鞭效應**（bullwhip effect）。在全球化及電子商務推波助瀾下，長鞭效應對產品生命週期較短的產業影響更大。

長鞭效應發生的原因，除罷工、運輸延遲、企業夥伴溝通協調未臻理想、天災或其他不可抗力外，還有下列原因：

- 需求預測被持續加碼：企業必須依據客戶的需求預測來進行生產活動（包括存貨、訂購量等），但顧客的需求永遠是不穩的，為了填補顧客需求預測與實際需求之差距，供應鏈的每個企業夥伴都會用安全存貨做為緩衝，如此，需求預測就由供應鏈的下端向上端被持續地加碼。
- 對缺貨過度反應：一般企業為避免缺貨及突發性之大量需求時之缺貨威脅，通常會做出比實際需求量更多的訂貨。當需求驟減時廠商又會取消訂貨，造成需求不穩、難測。
- **訂單批量化處理**（order batching）：廠商在接到單一訂單後通常並不會立即處理，而是累積到一定數量或一段時間後才向供應商訂貨，以減省訂購成本與運輸成本。
- 價格波動：大量訂貨可有與供應商議價空間與爭取折扣等優惠條件，此外市場上削價競爭、通貨膨脹等因素，都會造成經銷商進貨量大於實際需求量，當然造成需求預測失真。
- 進行促銷：經銷商之促銷或推廣會使得商品在需求上失去其應有的規律性。
- 寬鬆的退貨政策：實務上廠商會跟經銷商先鋪貨，過一段期間後再結算，退貨時由廠商免費地運回廠商處，在進貨風險與運輸成本均低的情況下，使經銷商無壓力地進貨多於銷售預測。

消除供應鏈的長鞭效應之途徑

消除供應鏈的長鞭效應有下列二個途徑：

1.供應商管理存貨

消除長鞭效應並不容易，但企業可與客戶、供應商建立穩定的關係。透過企業 e 化，建立顧客、企業、供應商間的生產、消費預測等資訊分享的平

台，**供應商管理存貨**（vendor managed inventory, VMI）系統就是這個能用做協調存貨水準的平台。

VMI 的基本想法是廠商出倉庫（在 SCM 中常稱為 hub），將存貨之所有權移交由供應商進行存貨控制、補貨等，這種**採購協同作業**（procurement collaboration）對廠商確實有一些商業利益，例如：

- 減少存貨管理衍生之經常費用。
- 透過供應商來管理存貨，可以減少資產及營運資金等。

2. 協同預測、補貨規劃

美國自發性產業間商業標準協會（Voluntary Interindustry Commerce Standards Association）之**協同規劃、預測與補貨**（collabborative planning, forecasting and replenishment, CPFR）將供應鏈裡的伙伴企業產銷資訊**透明化**（visibility），以減少長鞭效應。CPFR 之內涵如下：

- CPFR 的 CP 指的是協同／規劃。協同之先決條件就是供應鏈之伙伴企業間能交換一些必要資訊，因此在 CPFR 的內容涵蓋所有伙伴企業間之規劃、執行與控制，透過縝密之協調將營運同步化，因此伙伴企業間之互信極其重要。協同規劃有二個重點，一是確定有哪些資料可拿出來共享，以及異常狀態之管理等，二是確定協同作業的工作流程。
- CPFR 的 F 是預測，也就是協同預測。協同預測的內容包括銷售預測、訂單預測。除了伙伴企業各自所做之預測，更重要的是建立異常狀態之辨識及其處理之共識。
- CPFR 的 R 是協同補貨，有了協同預測之共識後，各夥伴企業可直接去調整產能以達到訂單預測之水平。

CPFR 成功之要素是資訊的透明度，一個成功之 CPFR 在庫存管理上可發揮降低存貨、增加存貨週轉率，避免缺貨損失以及提高總資產報酬率與競爭力等功能。

✚ 本節關鍵字

1. bullwhip effect
2. order batching
3. vendor managed inventory (VMI)
4. Voluntary Interindustry Commerce Standards Association
5. collabborative planning, forecasting and replenishment (CPFR)

14.3　外包

企業因成本或技術等因素，將部分工作以付費方式委由**承包商**（subcontractor）承攬施作，我們稱爲**外包**（outsourcing）。它的最主要目的在使企業能降低成本、專注於自身的核心事業。外包在企業是很常見的現象，它的項目五花八門，環保工作、保全、福利餐廳、園藝、廠區綠化植被、營繕維修、電腦維護等等都有。有時甚至會將製程上不經濟的部分外包出去等完成後再送返企業繼續後接之工序。

過往的企業都希望所有的活動都可不假外手，當今企業的營運活動已專業化，企業必須找出它的**核心業務**（core business）對於無競爭力或非核心業務除非放棄，否則便只有外包一途，以便聚焦於其核心業務，這是一種必然趨勢。

廠商對與承包商間的關係向有**競爭導向**（competitive orientation）與**合作導向**（cooperative orientation）兩種思維。競爭導向的思維下，廠商儘量壓低價格而承包商則儘量提高價格，大家重視的是短期利益；反觀合作導向的思維下，廠商與承包商雙方是夥伴關係，重視長期的合作關係，廠商會在技術或產能上支援供應商，JIT 廠商與供應商就屬合作導向。

廠商在面臨**自製或外包**（make or buy）時，會先釐清企業的核心業務是什麼，若是與核心業務無關又不涉及競爭力的工作如保全、福利餐廳、園藝、廠區綠化植被、營繕維修等，只需決定是否要再添或勻調人力變成自己的一個例行業務？還是外包？考慮自身的產能、那些項目外包？數量多少？

外包失敗的比率不算小，在國外統計，約有 25% 的外包合約提前終止。外包成功的關鍵成功要素可歸納如下：

- 外包商要有履約之專業技能。
- 廠商與外包商間要有長期而穩定的合約關係，從而建立共存共榮的夥伴關係。
- 企業從外包商的遴選、評鑑與輔導都有完善的外包政策與計畫。

外包之優缺點

優點
- 降低人事費用。
- 便於公司內部之人力運用。
- 可致力於核心業務。

缺點
- 外包商員工薪資通常比公司爲低，流動性高，缺乏歸屬感，以致外包品質

　　與進度不易掌握。
- 容易讓外界認爲企業有將應負之社會責任轉退到外包商之嫌。
- 外包商作業人員不熟悉公司之安全規定易釀成工安事件。

自製vs外包

　　我們可用量化方法來進行自製／外包決策。

例題　本公司明年需某種零組件 5,000 個，這種零組件可由本公司自製或外購。若由委外代工（OEM），單位成本爲 40 元／個，若內製，估計需固定成本 16,000 元，變動成本 30 元／個。問該零組件以自製抑或外包才合乎經濟效益？

解　　若 5,000 個零組件
　　(1) 全部自製：總成本 = 30×5,000 + 16,000 = 166,000 元
　　(2) 外部外包：總成本 = 40×5,000 = 200,000 元
　　因此，以自製方符經濟效益

垂直整合

　　垂直整合（vertical integration）顯示製程中自製之比率，比率越高，外包就越少。因此，垂直整合也可說是企業掌握供應鏈資源的程度。

　　廠商採取垂直整合有二個形式，一是向前整合，公司與供應鏈下游端進行整合，以取得銷貨通路；一是向後整合，公司向供應鏈上游端進行整合，以取得供料之品質與效率，可能採取的途徑，如取得供應商相當之股權或訂立長約。

　　對廠商而言，垂直整合之優點除了易於掌握進料之品質與交期外，更重要的是，廠商能充分應用自身之資源（勞動力、技術、設備等）去提高新的競爭者進入市場之門檻，從而確保甚至提升自身產品之市場佔有率。

✚ 本節關鍵字

1. subcontractor
2. outsourcing
3. core business
4. competitive orientation
5. cooperative orientation
6. make or buy
7. vertical integration

14.4 採購

企業若擁有好的供應商及強大採購能力，決定了供應鏈之效率以及企業之競爭力，因此，採購在供應鏈管理中極為重要。下節再談供應商管理。

集中採購與分散採購

企業採購方式可分**集中採購**（centralized purchasing）與**分散式採購**（decentralized purchasing）以及上述形式折衷等三種。

1. 集中採購：集中採購是由一個部門專責集中處理採購，優點是因採購量大而有與賣方議價之空間，可降低採購成本，提升採購的效率。又因集中在一個部門辦理，較易培養採購人員之專業素養。

2. 分散式採購：分散式採購是將採購業務分散到各部門辦理，因此它通常比集中採購更能適應當地市場環境的變化。

3. 折衷式採購：也有一些企業採取折衷方式採購，例如：小訂單或緊急採購由當地自行處理，大量採購則採集中採購。

採購程序

本節所述的採購適於民間企業，在我國政府機關、國營事業、公立學校的採購是依行政院公共工程委員會之政府採購法辦理。

採購部門是負責為企業取得產品、原物料、零組件以及服務，因此採購是企業與供應商的重要介面。採購作業也需與企業其他部門互動，例如：

- 作業部門：開立**採購單**（purchase order, P/O）（採購單裡明列採購的種類、規格、數量以及運抵時間與場所等）提請採購，有時需協助採購部門與供應商訂立合約。
- 法務部門：與供應商擬定合約，檢視合約內容有無與現有法規、企業政策不符之處、對企業有無不利的條款，以及履約時之爭議的法律協助等。
- 會計部門：處理供應商款項之審核。
- 財務部門：處理供應商款項之支付。

採購入庫前通常有一臨時編組辦理驗收，以檢視供應商是否依採購合約的規定如質、如量、如期交貨。

採購週期（purchase cycle）始於向供應商發出訂單終於完成驗收入庫，但其間涉及作業流程、議價技巧，這些多少跟企業的採購文化有關，略作扼要說明。

- 採購部門收到採購申請：生產部門依生產需求向採購部門發出採購單（P/O）提請採購。
- 遴選供應商：採購部門依據採購的品項確認有哪些合格的供應商。除了指

定廠商、壟斷性採購外，採購部門會根據合格**供應商名冊**（supplier's list 或 vendor roster）發出**邀標書**（invite to bid, ITB）或者用公開招標方式招商。

- 開標：開標有兩個步驟，一是審資格標，一是審價格標。
  (1) 審資格標：審標過程中若有必要時可請供應商澄清並確認合約草案之全部商業條款。若合約草案中有窒礙難行之條款，業主得在全體投標商一致同意下予以修改。
  (2) 審價格標：這階段主要是與合資格標之投標商進行比價、議價，由低於底價之最低投標商得標。
- 簽訂合約。
- 驗收：一些複雜或重要之採購合約中有時會明定檢驗點，以便買方屆時實地勘查。竣工或交貨時，買方在入庫前辦理**驗收**（final acceptance），驗收人員會依合約規定之檢驗方式、標準進行驗收。對不合格項目時得要求投標商限期改善、減價驗收甚至拒收。
- 交貨：得標之供應商就要依據合約條款履約，如期、如質、如數將購料送交合約指定之交貨地點。除非不可抗力原因外，交貨逾期買方可能要施以逾期罰款，這些都會明訂在合約中。

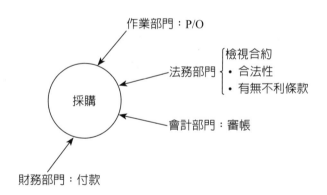

＋ 本節關鍵字

1. centralized purchasing
2. decentralized purchasing
3. purchase order (P/O)
4. purchase cycle
5. supplier's list
6. vendor roster
7. invite to bid (ITB)
8. final acceptance

14.5　供應商管理

　　可靠而值得信賴的供應商是企業維持競爭優勢重要之一環，策略大師波特（Michael E. Porter, 1947-）指出供應商是影響企業競爭的因素之一，因此供應商之遴選與評鑑是很重要的，也是供應鏈管理重要的第一步。

供應商之遴選

　　企業遴選供應商時往往須由採購部門會同其他部門進行**供應商分析**（vendor analysis），分析中會表列出各項評量因素，並決定各因素的權重以進行評比，這些評量因素包括：

- 品質：供應商過往產品或服務的品質、供應商的 QA 程序。
- 價格：供應商過往產品或服務的價格是否合理？供應商是否願意議價或壓低價格？
- 交期：供應商過往交貨的準時性。供應商提供產品或服務的前置時間為何？是否有縮短的空間？
- 彈性：供應商處理交期、數量和產品或服務的彈性有多大？
- 地點：供應商的位置是否接近產品或服務指定提交處？
- 其他：供應商的信譽、財務穩定性以及供應商是否因非常依賴某些顧客而優先處理這些企業之供貨？

供應商之評鑑

　　定期地對供應商進行評鑑是很重要的，查核的項目包括：供應商是否依合約要求如質、如期、如數交貨？與作業部門的配合度如何？售後服務是否令人滿意等。有時企業會組成一個評鑑小組到供應商處實地查核。第 8 章的因子評分法是最常見的評鑑工具。

供應商之認證

　　經認證的供應商提供之產品或服務，在風險上會比未經認證的供應商為低，因此供應商認證對企業是否要與供應商建立長期關係至屬重要。ISO9000 是最常見的**第三方認證**（third-party certification）。

供應商關係管理——夥伴關係

　　與供應商維持長期良好關係是維持競爭優勢的重要因素，企業若視供應商為伙伴關係而非對手關係，這意味著企業擁有較少的供應商，並與供應商分享預測、存貨等資訊，這對產品的品質、成本、交期與彈性都有正面作用。

　　廠商要建立與供應商的夥伴關係，也絕非一帆風順，企業文化的差異會使某些問題很難達成共識，尤其是廠商要求供應商添加設備或須花費成本的額外配合措施時往往會讓供應商裹足不前。

及時採購下之供應商管理

JIT 生產是前製程依據後製程之看板指示，適時、適質、適量將料件送到後製程。拿此觀念到採購上，便是根據廠方領取看板以少量多次的方式如「鼓蟲」般地交貨。JIT 採購有五個要點：

1. 原材料供給與生產需求同步。
2. 廠方與供應商充分合作。
3. 廠方與供應商藉長期合約建立長期而穩定的關係。
4. 廠方希望供應商只專注生產一種或少數幾種產品。
5. 供應商納入廠方之生產系統內。

因此 JIT 的廠家對供應商只有一或少數幾家，他們多分布在廠區附近，透過長期合約，以少量多次的方式將零組件或物料送到生產線上。JIT 採購之特質可依供應商、數量、品質與運送四個方面說明之：

1. 供應商：JIT 的廠家先在廠區附近找一些好的潛在供應商，經試用後選擇一家作為正式的供應商。原則上一種零組件或物料只向一家供應商購買，廠家與供應商間有長期合約關係時也會要求供應商推動 JIT 並納入廠家的生產系統中，以維繫彼此之長期伙伴關係。
2. 交貨數量：供應商根據廠商看板指示之品項、數量與交期進貨。
3. 品質：JIT 的廠家尊重供應商的技術能力，因此對供應商只提出績效規格，如藍圖和重要尺寸或工程規格而已。廠商與供應商間為夥伴關係，彼此利害與共，所以廠商會協助供應商達成品質要求，一旦廠商認為供應商的品質達到免驗收的水準時，供應商可將料件直接送到生產線上。
4. 運送：供應商依看板指示，將零組件或物料如數、如期、如質地以多次少量的方式交貨。

JIT 採購之利益

由 JIT 採購之方式我們不難得知 JIT 採購有以下之實質利益：

1. 品質穩定。
2. 避免外購物料中斷造成停工待料的風險。
3. 降低採購之成本並減少採購文書作業。
4. 降低存貨成本。
5. 提升生產力。

＋ 本節關鍵字

1. vendor analysis
2. third-party certification

14.6　供應鏈管理之其他議題

SCM未來發展方向

　　公司在推動 SCM，通常是先整合公司內部部門的供應鏈然後再擴及供應商。具體地說，公司在供應鏈之整合上是從公司的採購、生產與配銷三個部門各自形成自己的供應鏈開始，然後再對內部顧客各自整合出自身的供應鏈，最後統合出公司之內部供應鏈並擴張到包含顧客、供應商與經銷商之完整的供應鏈。而未來 SCM 發展方向大致有：

- SCM 未來應有自動即時追蹤和查詢貨況之能力，配合**資料探勘**（data mining）技術以追溯到**最小存貨單位**（stock keeping unit, SKU）的存貨管理系統。所謂的 SKU 是指存貨之一個「單品」，例如：成衣經銷店之成衣可按其色彩規格（如 XL 型、L 型、M 型、S 型等）、款式等分成不同之 SKU。
- 延伸 SCM 至最終顧客端，統合補貨、**先進規劃與排程**（advanced planning and scheduling, APS）及需求預測等系統。
- 廠商存貨管理將與**需求和配銷規劃**（demand and distribution planning, DDP）更緊密地相結合，可更有效地提升採購效益，以提升企業的競爭優勢。

先進規劃與排程

　　前述之 SCM 之**先進規劃與排程**尤值一提。

　　企業推行 e 化，往往只流於透過 B2B 電子文件交換以提升快速反應（QR）能力，但當國內一些專業製造廠商成為國際大廠之供應鏈之一員後，逐漸發現需要一個具有運籌能力，也就是一個能快速解決供應鏈協同作業所有決策資訊之核心運算引擎，好驅動一個能在供應鏈**限制**（constraint）下解決供應鏈各階段的物料規劃、產能規劃等系統，而這個引擎即 APS，因此期待 APS 有下列功能：

1. 快速地產生以**限制為基礎**（based on constraints）的生產規劃與排程，並可針對產銷配問題提出「智慧」型的規劃建議和流程修正。
2. APS 具有「what...if」之功能極便於管理者針對問題進行模擬，有利於決策者在不同的**情境**（senario）下找出一個好的解答。
3. APS 之 IT 包括有演算、記錄與交換三大功能，有利於供應鏈資訊之透明化而使得供應鏈之 CPFR 更具實踐性。

限制理論

　　上世紀 80 年代高德拉特（E.M. Goldratt, 1947-2011）發展出**限制理論**

（theory of constraint, TOC），這個理論把企業看成一個大系統，那麼每一個部門或生產線都是這個大鏈條的一環，環環相扣，系統最弱的一環就決定了整個系統的強弱。

瓶頸

瓶頸是指製程中最跟不上生產節拍，也就是有效產能最小之工作站、作業人員等，高德拉特曾提出他對瓶頸的觀點：

- 瓶頸一小時的損失是整個系統一小時的損失。
- 花太多資源去解決非瓶頸的生產問題並無實益。
- 瓶頸決定生產系統的產出量與存貨水準。

高德拉特認為每個系統都有個目標，任何阻礙系統達到目標的因素就稱為限制。企業的限制包括產能的限制、市場的限制、時間的限制、人的限制、政策的限制等都是。任何系統一定存在著某些限制，否則它就會有無限的產出，因此要提高系統的產出唯有打破系統的限制一途，切入點就是從系統最弱的一環著手。高德拉特提出打破瓶頸的步驟：

1. 找出瓶頸。
2. 開發瓶頸資源。
3. 安排所有其他決策以配合步驟。
4. 提升瓶頸產能。
5. 防止慣性動作。

限制理論用生產率、存貨、營運費用作為改善指標，而最後目標就是一個——賺錢。

✚ 本節關鍵字

1. data mining
2. stock keeping unit (SKU)
3. advanced planning and scheduling (APS)
4. demand and distribution planning (DDP)
5. B2B
6. constraint
7. based on constraints
8. senario
9. theory of constraint (TOC)

第15章
排程

15.1　導論

　　排程（scheduling）是組織使用特定資源（設施、作業人員等）的時程。一個有效的排程可以對設施、作業人員做出有效的安排，可使企業享有縮短製程時間、降低作業成本、增加生產力等製造或服務上的利益。

　　排程和系統產出量有關，因此我們就分大、中、小規模生產系統的排程分別作一淺介。

大規模生產系統的排程 —— 重複性生產

　　大規模生產系統的最大特點是所有的活動都透過高度專業化的設備以固定的工序、生產速率進行重複性生產。大規模生產系統的產品極具一致性。大規模生產系統的排程也稱為**流程工廠排程**（flow-shop scheduling），在排程設計上是以增加系統之工作流動性為目標，因此在排程設計時要考慮到：

- 大規模生產系統多屬連續型生產，故要考慮到產能負荷與工序。
- 大規模生產之排程設計要注意到生產線平衡，以使作業人員與設備均能發揮最大產出率。
- 大規模生產系統因過度專業分工，易使作業員感到工作厭倦以致降低生產力。工作設計是改善的方向。
- 大規模生產系統在排程設計上必須使流程順暢並避免存貨增加過多。
- 避免因為設備故障、待料造成系統流程中斷。

中規模生產系統的排程 —— 間歇性生產

　　中規模生產系統產出量介於大規模生產系統之重複性生產與零工式生產之間。如同大規模生產系統，中規模生產系統也是生產標準化的產品。採中規模生產系統的廠商在排程上有 3 個基本議題，批量大小、工作時程與工作順序，在此我們較偏重批量大小。

　　我們可應用存貨管理的經濟生產量（EPQ）公式求出整備成本（建置成本）與存貨成本最小下之批量大小：

$$Q_0 = \sqrt{\frac{2DS}{H}}\sqrt{\frac{p}{p-u}}\,，\ S：整備成本$$

　　整備時間是前置時間的一部分，若能減少整備時間當然可縮減前置時間。類似的訂單在整備工作上只需稍微改變即可。若將排程上類似的工作儘可能集中處理，雖可減少整備時間與成本，但也把排程變得複雜，這是一個取捨的問題。設備換線而造成停機的次數減少以減少整備時間是必然的，因此離線設備、快速換模、模組化設計生產與彈性製造都是間歇性常用的生產方式。

此外中規模生產系統亦可以 MPS 或 MRP 為基礎來進行生產排程。

小規模生產系統的排程——零工式生產

我們前已介紹過小規模生產系統,即零工式生產,因為零工式生產多屬接單式生產,因此,**零工式排程**(job-shop scheduling)較大、中規模生產系統之排程為複雜,因此小規模生產系統不可能在接單前就安排排程。零工式排程著重於如何分配工作**負荷**(load)到工作中心甚至到工作中心的每一部機器,以使得整備成本、閒置時間、完成時間等之極小化,以及工序之選擇。

甘特圖

下面之**甘特圖**(Gantt chart)可讓管理者能用視覺方式看出組織實際或預計資源在時間基礎上的使用情況,因此它可作為負荷與排程之輔助利器。

甘特圖大約在 1910 年由美國人甘特(Henry Gantt, 1861-1919)發展出來的一種簡單排程工具。首先確定專案主要活動,然後估算各個活動執行之起訖時間並以此作為預計進度。甘特圖的每一個活動都有預計活動與實際進度的比較,從而可看出有哪些活動進度超前又有哪些活動進度落後。

甘特圖雖然簡單易懂,但是它最大的缺點是無法探知活動間的關係,因此一旦某個活動落後時,我們無法由甘特圖看出有哪些後續活動也會被波及。儘管如此,甘特圖曾成功地應用於胡佛水壩和州際調整公路等大型工程而聲名大噪。如今甘特圖仍經常用在工項不太複雜的專案計畫之進度管制。

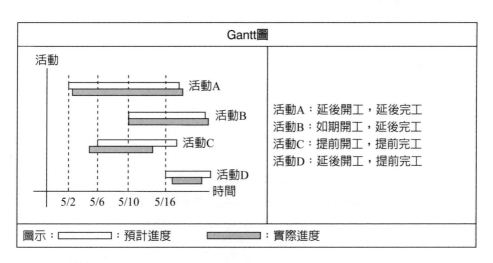

本節關鍵字

1. scheduling
2. flow-shop scheduling
3. job-shop scheduling
4. load
5. Gantt chart

15.2 排序

　　排序（sequencing）不僅要決定工作中心內工作的加工順序，也包括工作中心內工作站工作的加工順序。有一些排序模式，本書將介紹其中的**優先法則**（priority rule）與**詹森法則**（Johnson's rule）。

優先法則

　　優先法則是一個啟發式的排序。優先法則在使用上均假設與工序無關之工作整備時間、處理時間。這個假設顯然過於簡化，實務上臨時插單、抽單屢見不鮮，碰到這些情形時只好再做修正（微調整）。在應用優先法則時，我們特重一是**工作時間**（job time），工作時間包括整備時間和加工時間，一是**到期日**（due date）。

　　優先法則可分局部優先法則與整體優先法則二類：

1. **局部優先法則**（local priority rule）：適用於一個工作站或工作中心之排序。它可細分成：
   (1) **先到先服務**（first come, first served, FCFS）：根據工作到達機器或工作中心的先後依序處理。
   (2) **最短處理時間**（shortest processing time, SPT）：工作處理時間越短者越優先處理。
   (3) **最早到期日**（earliest due date, EDD）：到期日越早的工作越優先處理。
2. **整體優先法則**（global priority rule）：整體優先法則適用於多個工作站。它又可細分成：
   (1) **作業平均寬放時間**（slack per operation, S/O）：以 S/O 越小者越優先處理。

$$S/O = \frac{\text{到期日} - \text{處理時間}}{\text{作業數}}$$

   　　公式中之作業數 = 未辦件數 +1（這個 1 是指正在辦的作業）
   (2) **關鍵比率**（critical ratio, C/R）：以 C/R 小的優先處理。

$$C/R = \frac{\text{到期日}}{\text{處理時間}}$$

　　C/R 值越小者表示越緊急，應優先處理。

　　上述排序完成後我們通常要為它們做一個效率評估，常用的指標有：
①**工作流程時間**（job flow time）。
②**工作延遲時間**（job lateness time），規定工作提前完成的作業之天數為 0。

③**總完工時間**（makespan）。

例題

若加工中心有 6 個待處理工作，它們的處理時間與到期日如下表所示，以 (1)FCFS、(2)SPT、(3)EDD、(4)CR 法分別進行排序並分別用平均流程時間，平均延遲時間與平均工作數來評估它們的績效。（假設工作到達順序如下表）

工作	處理時間（天）	到期日（天）
A	3	8
B	9	12
C	5	6
D	10	11
E	8	10
F	15	15

解

(1) FCFS 法之工作順序為 A、B、C、D、E、F：

工作	處理時間 (1)	流程時間 (2)	到期日 (3)	延遲時間 (2) − (3)
A	3	3	8	0
B	9	12	12	0
C	5	17	6	11
D	10	27	11	16
E	8	35	10	25
F	15	50	15	35
	50	144		87

$$平均流程時間 = \frac{144}{6} = 24 \text{ 天}$$

$$平均延遲時間 = \frac{87}{6} = 14.5 \text{ 天}$$

$$平均工作數 = \frac{144}{50} = 2.8 \text{ 件}$$

(2) SPT 法

工作順序	處理時間 (1)	流程時間 (2)	到期日 (3)	延遲時間 (2) − (3)
A	3	3	8	0
C	5	8	6	2
E	8	16	10	6
B	9	25	12	13
D	10	35	11	24
F	15	50	15	35
	50	137		80

$$平均流程時間 = \frac{137}{6} = 22.83 \text{ 天}$$

$$平均延遲時間 = \frac{80}{6} = 13.33 \text{ 天}$$

$$平均工作數 = \frac{137}{50} = 2.74 \text{ 件}$$

(3) EDD 法

工作順序	處理時間 (1)	流程時間 (2)	到期日 (3)	延遲時間 (2) − (3)
C	5	5	6	0
A	3	8	8	0
E	8	16	10	6
D	10	26	11	15
B	9	35	12	23
F	15	50	15	35
	50	140		79

$$平均流程時間 = \frac{140}{6} = 23.33 \text{ 天}$$

$$平均延遲時間 = \frac{79}{6} = 13.17 \text{ 天}$$

$$平均工作數 = \frac{140}{50} = 2.8 \text{ 件}$$

(4) CR 法

Step1：

工作順序	處理時間	到期日	CR
A	3	8	(8 – 0)/3 = 2.67
B	9	12	(12 – 0)/9 = 1.33
C	5	6	(6 – 0)/5 = 1.2
D	10	11	(11 – 0)/10 = 1.1
E	8	10	(10 – 0)/8 = 1.25
F	15	15	(15 – 0)/15 = 1.00（最小）

在第 15 天 F 完成

Step2：

工作順序	處理時間	到期日	CR
A	3	8	(8 – 15)/3 = –2.33（最小）
B	9	12	(12 – 15)/9 = –0.33
C	5	6	(6 – 15)/5 = –1.8
D	10	11	(11 – 15)/10 = –0.4
E	8	10	(10 – 15)/8 = –0.625
F	–	–	–

在第 18 天 F 和 A 完成

Step3：

工作順序	處理時間	到期日	CR
A	–	–	–
B	9	12	(12 – 18)/9 = –0.67
C	5	6	(6 – 18)/5 = –2.4（最小）
D	10	11	(11 – 18)/10 = –0.7
E	8	10	(10 – 18)/8 = –1
F	–	–	–

在第 23 天 F、A 和 C 完成

Step4：

工作順序	處理時間	到期日	CR
A	–	–	–
B	9	12	(12 – 23)/9 = –1.22
C	–	–	–
D	10	11	(11 – 23)/10 = –1.20
E	8	10	(10 – 23)/8 = –1.63（最小）
F	–	–	–

在第 33 天 F、A、C 和 E 完成

Step5：

工作順序	處理時間	到期日	CR
A	–	–	–
B	9	12	$(12 - 33)/9 = -2.33$（最小）
C	–	–	–
D	10	11	$(11 - 33)/10 = -2.2$
E	–	–	–
F	–	–	–

∴ CR 之工作順序為 F、A、C、E、B、D

工作順序	處理時間 (1)	流程時間 (2)	到期日 (3)	延遲天數 (2) – (3)
F	15	15	15	0
A	3	18	8	10
C	5	23	6	17
E	8	31	10	21
B	9	40	12	28
D	10	50	11	39
	50	177		115

$$平均流程時間 = \frac{177}{6} = 29.5 \text{ 天}$$

$$平均延遲時間 = \frac{115}{6} = 19.17 \text{ 天}$$

$$平均工作數 = \frac{177}{50} = 3.54 \text{ 件}$$

＋ 本節關鍵字

1. sequencing
2. priority rule
3. Johnson's rule
4. local priority rule
5. first come, first served (FCFS)
6. shortest processing time (SPT)
7. earliest due date (EDD)
8. global priority rule
9. slack per peroperation (S/O)
10. critical ratio (C/R)
11. job flow time
12. job lateness time
13. makespan

Note

15.3 排程方法

詹森法則

詹森法則（Johnson's rule）是討論如何將一個工作分派給二部機器或二個工作站，以使總完成時間最小的一種排程演算法。它在應用上必須符合：
1. 二個工作中心之工作時間必須已知且固定。
2. 工作時間與工作順序無關。

詹森法則之步驟：
1. 列出兩部機器或工作站之所有工作與作業時間。
2. 找出兩部機器或工作站之最短作業時間。
   2.1 若最短時間在機器 A（或工作站 A）則 A 之工作順序是最左第一個。
   2.2 若最短時間在機器 B（或工作站 B）則 B 之工作順序是最右第一個。
   2.3 若最短時間在機器（或工作站）A、B 同時發生時則可任意配置。
3. 將已被配置過的工作劃掉，並重複 2.1 至 2.3 直到解出為止。

例題 1. 給定一作業可分 J_1、$J_2 \cdots J_5$ 五個工作站，機器 A、B 進行各工作所需之操作時間如下表所示，請依 Johnson 法則配量下列工作：

工作	J_1	J_2	J_3	J_4	J_5	
機器A	10	10	22	14	6	
機器B	11	3	8	19	8	單位：日

解 (1) 依題意最短時間發生在機器 B 之 J_2（3 日），故 J_2 擺在工作順序表之
最右邊

				J_2

工作	J_1	J_2	J_3	J_4	J_5
機器A	10	10	22	14	6
機器B	11	3	8	19	8

(2) 由上表知最小工作時間（6 日）發生在機器 A 之 J_5，$\therefore J_5$ 放在
工作順序表之最左邊，即

J_5				J_2

工作	J_1	J_2	J_3	J_4	J_5
機器A	10	10	22	14	6
機器B	11	3	8	19	8

(3) 由上表知最小工作時間（8 日）發生在機器 A 之 J_3，$\therefore$ J_3 放在工作順序表之左邊第 2 格，即 | J_5 | J_3 | | | J_2 |

工作	J_1	J_2	J_3	J_4	J_5
機器A	10	10	22	14	6
機器B	11	3	8	19	8

(4) 由上表知最小工作時間（10 日）發生在機器 A 之 J_1，$\therefore$ J_1 放在工作順序表之中間，即 | J_5 | J_3 | J_1 | | J_2 |

(5) J_4 是僅剩之未配置工作，$\therefore$ J_4 放在工作順序表之剩餘之格。因此整個工序是 | J_5 | J_3 | J_1 | J_4 | J_2 |

工作	J_1	J_2	J_3	J_4	J_5
機器A	10	10	22	14	6
機器B	11	3	8	19	8

匈牙利法

匈牙利法（Hungarian method）是一種特殊之工作模式，它是將 n 個工件指派給 n 部機器或人的指派問題，它有以下之假設：(1) 每個工作只能只派一部機器或一個人。(2) 每個人或機器都有處理每一個工作。在這些假設下，我們要求如何指派工作以使得成本最低。

匈牙利法之演算法

1. 每列之各數減去此列中最小的數。
2. 每行之各數減去此行中最小的數。
3. 若覆蓋到所 0 的最少縱線與橫線之和等於 n，表示有最佳解存在；否則進行步驟 4。
4. 若步驟 3 之縱線與橫之和少於 n：
   (1) 在未被劃到線的數字中取一個最小數，所有未被劃線的數都要減去此數。
   (2) 在有交叉線的數字上加上此數。
   (3) 已被劃線但不是交叉處的數字保持不變。
5. 重複步驟 3 與 4，直到產生最佳解。

6. 決定指派。先從只有一個 0 的列或行開始。將有 0 的項目進行逐行逐列的配對。在指派後，即消除該行與列。

例題 **2.**　由下表（表內數字為成本），利用匈牙利法求最佳配置及配置後之成本。

機器

	A	B	C
工作 1	7	5	2
2	5	8	9
3	6	5	7

解

step 1.

	A	B	C
1	5	3	0
2	0	3	4
3	1	0	2

step 2.

	A	B	C
1	5	3	0
2	0	3	4
3	1	0	2

因為我們用 3 條直線即把所有的「0」蓋住，而工作數（或機器數）亦為 3，因此，已完成最佳配置：即工作 1 配置到機器 C，工作 2 配置到機器 A，工作 3 配置到機器 B，配置之後總成本為 2 + 5 + 5 = 12

✛ 本節關鍵字

1. Johnson's rule   2. Hungarian method

第16章
專案管理

16.1 專案的定義

專案是什麼？

　　企業裡的活動可分二類，一是持續性的例行業務，另一是非例行的活動，**專案**（project）就是屬於後者。專案是集合一群特定份子（通常是跨部門人員），在一定之工作時間、一定的預算執行特定任務，這個任務可能是有形的，如鉅額的合資案，政府興建大水壩、科學園區等目的而成立專案，也可能是無形的，例如企業引入新的作業系統如 MRP、JIT。

　　專案在任務完成後就會結束，因此專案具有一次性活動、起訖日程明確、有限資源、特定任務、有預定之成果等的特點。排程、成本與目標績效也就成為專案管理的三個重點。

　　下列情形通常是企業考慮成立專案的時機：
* 大型或複雜度高的任務。
* 非例行性的任務。
* 傳統職能別部門無法達成的任務。
* 新產品或服務的開發、改善或降低成本的計畫。

　　專案一旦成案後就應避免大幅度地變更專案的範圍以免增加成本、延宕完成時間甚至失敗。

專案終止

　　除任務完成外還有其他因素會造成專案任務的終止，例如：
* 專案失敗：市場、技術評估後認為不可行、目標顯然無法達成。
* 政策因素：政府法規、市場狀況或企業政策改變，如政府之優惠獎勵條例取消，使得專案發展的產品或服務變得無利。
* 市場因素：專案過程中，出現新的產品或服務足以取代專案產品或服務。
　　企業推動專案不乏失敗的例子，因此專案絕非萬靈丹。

專案生命週期

　　專案在過程上可概分定義、規劃、執行與結案等四個階段：
1. 定義：首先要對專案加以定義，包括專案的需求、目標、初步可行性分析，估計專案所需的時間、預算、利益、潛在的風險以及技術能力等。
2. 規劃：募集專案所需的成員，列出所有與專案有關之作業細節，完成**工作分解結構**（work breakdown structure, WBS）與**網狀圖**（network）如此才好進行人力、時間、成本等之管理與控制。
3. 執行：推動專案的進行以及連帶的管控活動，包括：績效評估、風險控制、成本控制、排程控制與矯正措施等。
4. 結案：完成績效報告、驗收、專案文件之歸檔作業等。

專案的四個階段可能互相重疊，也可能有些階段還沒有結束又進行另一階段。

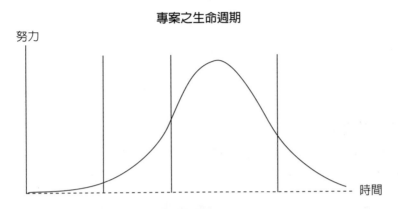

專案之生命週期

階段	定義	規劃	執行	結案
工作重點	・需求／任務 ・目標 ・可行性分析 ・團隊籌建 ・責任區分	・WBS ・網狀圖 ・風險評估 ・人員配置	・推動工作 ・工作管控 ・品質控制 ・進度／成本控制	・績效報告 ・驗收 ・文件移轉 ・經驗學習

風險管理

　　專案充滿了不確定性，因此必須考慮到風險。專案初期風險發生的機率最高，隨時間的推移而逐漸遞減，但是為了克服風險所衍生之成本卻遞增。因此，在專案生命週期內應找出潛在風險，經由分析與評估後藉由事先預防以期降低風險事件發生的機率。

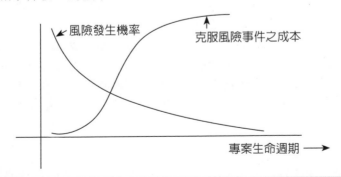

＋ 本節關鍵字

1. project
2. work breakdown structure (WBS)
3. network

16.2　專案組織

專案組織成員來自各職能部門，以全時或兼職之方式加入團隊，有時為了經濟或實踐上之理由還會將部分的工作外包。專案團隊成員之遴選時須考量成員的知識技能是否符合專案任務所需、是否能與其他人尤其是專案團隊之其他成員的合作、溝通，是否有成員參加其他專案而影響到本專案任務的執行。

專案的組織型態

小型的專案用**小組**（team）或**工作特別小組**（task-force team）即可解決，大型的專案可藉助**矩陣組織**（matrix organization）。

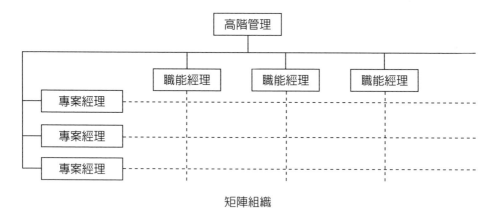

矩陣組織

矩陣組織曾是專案組織之主流，但經許多大企業的使用經驗，它確實存在一些問題，包括成員受到專案經理與部門經理雙重節制，一旦雙方部門意見相左時常會令專案成員無所適從，其次矩陣組織成員來自各部門，難免因為本位主義作祟而影響到專案的績效。

在全球化與 ICT 不斷精進下，近來流行**虛擬專案團隊**（virtual project team），成員可能來自不同地域或國家，除溝通及任務要靠網路推動外，作業方式大致和一般的專案組織類似。虛擬專案團隊雖然也會因不同組織文化等問題造成管理困難，但它的好處是能匯集更多的人才和觀點而產生創意的結果。

專案經理

專案經理（project manager）是整個專案組織的領導者兼有**協調者**（coordinator）與**督促者**（expediter）之雙重角色，不僅要向與專案有關的經理部門爭取人力、技術等支援，同時也要有領導、溝通協調及解決問題等

能力來確保專案能如期、如質、如預算地完成，因此他要對專案成敗負責。

專案發起人

　　專案發起人（project champion）是企業內發起與支持專案的一群人，他們從專案開始到結束全程協助和監督專案的進行，包括資源的取得、衝突的處理、專案範圍的變更、預算的追加以及進度的延展等。專案發起人通常是高階管理者，因此他們支持的力道對專案成功有很大影響。

專案關鍵成功因素

　　專案成功的因素有：
- 專案發起人的支持、溝通與鼓勵。
- 專案經理及其團隊有解決突發性問題的能力；成員適才適所，且具有良好的溝通能力。
- 專案目標明確並獲高階主管支持。
- 專案的成果能被最終使用者接受。
- 專案小組能取得使專案成功所需的資源、技術或專業知識的管道。
- 專案排程規劃妥當且在每一階段都有管控機制。

專案管理應用軟體

　　實務上，專案管理不論做 WBS 或下節要談的 PERT、CPM 都有一些專用軟體，例如：作者以前服務之企業就用 Microsoft Project，當然還有其他軟體可以應用，基本上，它們都具有交談式功能，甚至可以客製化以因應客戶要求。使用前軟體廠商可提供指導，惟操作者也必須具備電腦操作技能以及熟稔專案管理之一些術語，用手工繪網狀圖極為麻煩，甚至不可行，因此應用軟體至少有以下好處：
- 能對規劃中提供邏輯性之架構，並提醒碰觸限制之處。
- 可進行「若…則」上模擬。
- 提供詳細不等之自動格式化報表。

✚ 本節關鍵字

1. task-force team
2. matrix organization
3. virtual project team
4. project manager
5. coordinator
6. expediter
7. project champion

16.3 工作分解結構與網狀圖

工作分解結構

　　WBS 是將專案的**結果**（outcome）由上而下逐層分解到**活動**（activities）這一層級為止的樹形圖，WBS 每做一次分解都要有專業知識和邏輯來支撐，至於要分解到什麼程度就要看專案控管的需要而定。

　　WBS 將專案工作做系統之分解過程中，能讓專案管理之參與者理解到專案的深層內涵，這極有助於專案規劃與執行，尤其是進度與預算之編列。

WBS是一個由上而下分解之樹形圖

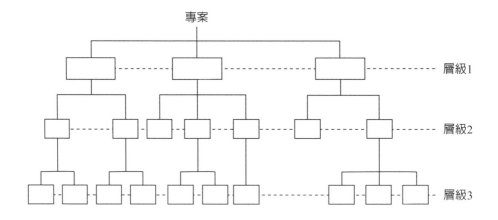

網狀圖之繪製

　　二種主要專案排程的工具：**計畫評核術**（programming evaluation and review technique, PERT）與**要徑法**（critical path method, CPM）都要用到**網狀圖**（network）。

　　在繪製網狀圖前首先要確定活動間的關係，如果活動 A 完成後才能進行活動 B，那我們便稱活動 A 是活動 B 的**先行關係**（precedence relationship）。

　　網狀圖之主要圖像有三：

1. **節點**（nodes）以○表之。
2. **箭線**（arrow）以→表之，箭線代表活動的順序。
3. **虛箭線**（dummy arrow）以 ┈▶ 表之。

　　網狀圖之建構方式有兩種：

1. **活動在節點法**（activity-on-node, AON）：AON 之節點代表活動，惟 AON 之起始點 S 只是表示網狀圖之起點不是活動，是個例外。本書是採 AON 型。

2. **活動在箭線法**（activity-on-arrow, AOA）：AOA 之箭線代表活動，節點只是**事件**（event），它代表活動的開始與結束。

要注意的是，活動要耗用時間或資源，而事件只是時間點，不會耗用時間或資源。**路徑**（path）是從起點到終點一連串活動的歷程，它不僅顯示路徑上各活動的順序關係，同時也可算出路徑的長度（時程），耗時最長的路徑稱為**要徑**（critical path），比要徑短的路徑可以延遲完成，只要延遲後的路徑不長於要徑即可，要徑與路徑時程的差距稱為**寬放**（slack），這表示路徑允許落後的時間，顯然要徑的寬放為 0。

例題

先行作業	作業
a	b
b	c, d
c	e
d	e
e	f
f	—

試繪出網狀圖 (1) AON 法。(2) AOA 法。

解 (1) AON 法

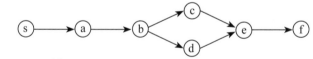

(2) AOA 法

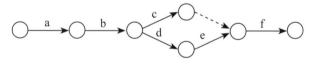

作為入門書，作者認為讀者能知 AOA 與 AON 已足，至於其他則有賴軟體操作。

＋ 本節關鍵字

1. outcome
2. activities
3. programming evaluation and review technique (PERT)
4. critical path method (CPM)
5. precedence relationship
6. nodes
7. arrow
8. dummy arrow
9. activity-on-node (AON)
10. activity-on-arrow (AOA)
11. event
12. path
13. critical path
14. slack

16.4 時間估計

PERT 與 CPM 都是網狀圖，兩者間最大的區別在於時間的估計：PERT 的時間是服從 beta 分配，因此是隨機性的，但 CPM 的時間是確定性的。

PERT時間之估計

PERT 將活動的時間依下列公式計算：

$$活動期望時間 t_i = (a_i + 4m_i + b_i)/6$$

$$路徑和 = \Sigma t_i$$

$$活動 i 之變異數\ \sigma_i^2 = \left(\frac{a_i - b_i}{6}\right)^2$$

$$路徑 j 之活動時間標準差 = \sqrt{\sum_j 第\ j\ 條路徑之\ \sigma_j^2}$$

其中

a_i = 活動i之**樂觀時間**（optiministic time）

b_i = 活動i之**悲觀時間**（pressmistic time）

c_i = 活動i之**最可能時間**（most likely time或normal time）

例題 1. 設一工作之 PERT

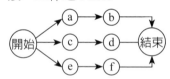

活動	a	m	b
a	2	3	4
b	1	3	5
c	1	2	3
d	2	3	4
e	3	5	7
f	3	4	5

求 (1) 各活動之期望時間。(2) 求所有路徑之總和期望時間。(3) 要徑。(4) 路徑標準差。

解　　(1)-(3)

路徑	活動	時間				路徑總和
		a	m	b	t_i	
a —— b	a	2	3	4	3	$\left.\begin{array}{l}\\\end{array}\right\}$ 6
	b	1	3	5	3	
c —— d	c	1	2	3	2	$\left.\begin{array}{l}\\\end{array}\right\}$ 5
	d	2	3	4	3	
e —— f	e	3	5	7	5	$\left.\begin{array}{l}\\\end{array}\right\}$ 9 ◄——— 要徑
	f	3	4	5	4	

$$(4)\ \sigma_{a-b} = \sqrt{\left(\frac{4-2}{6}\right)^2 + \left(\frac{5-1}{6}\right)^2} = 0.75$$

$$\sigma_{c-d} = \sqrt{\left(\frac{3-1}{6}\right)^2 + \left(\frac{4-2}{6}\right)^2} = 0.47$$

$$\sigma_{e-f} = \sqrt{\left(\frac{7-3}{6}\right)^2 + \left(\frac{5-3}{6}\right)^2} = 0.75$$

由上述資訊，可利用常態分配求給定路徑在特定時間完成之機率。

CPM

要徑與**總寬裕**（total slack）有關，總寬裕只是針對一個活動，它與下列四個參數有關：

1. **最晚開始時間**（latest start time, LS）$\left.\begin{array}{l}\\\end{array}\right\}$ 由每條路徑左邊開始向右邊逐一
2. **最早開始時間**（earlist start time, ES）計算。
3. **最晚完成時間**（latest finish time, LF）$\left.\begin{array}{l}\\\end{array}\right\}$ 由要徑之右邊開始向左逐一計算。
4. **最早完成時間**（earlist finish time, EF）

---

t_i 是活動 i 估計所需時間，顯然：

(1) 開始活動 ES = 0

(2) $EF_i = ES_i + t_i$

(3) $LS_i = LF_i - t_i$

(4) $ES_i = EF_{i-1}$

(5) $LF_i = LS_{i-1}$

有了上述結果定義活動 i 之總寬裕 S_i 為

$$S_i = LF_i - EF_i \text{ 或 } S_i = LS_i - ES_i$$

在上表應注意到

(1) 若某項活動有多個前項活動則 ES = 前項諸活動 EF 最大者。

(2) 若某項活動有多個後項活動則 LF = 後項諸活動 LS 最小者。

這些規則應體會原因，不宜強記。

因此總寬裕 S_i 是不會增加專案完成總時間下，活動 i 可以延遲的時間，若總寬裕 $S_i = 0$，那活動 i 沒有總寬裕，一旦延遲就要延長專案總時程。

★ 例題 2. 計算下列網路各作業之 (1)ES 及 EF。(2)LS 與 LF。(3) 寬裕時間 S。(4) 要徑。

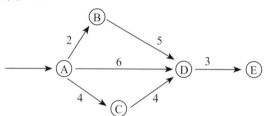

解 (1) $ES_{AB} = 0, EF_{AB} = ES_{AB} + t_{AB} = 0 + 2 = 2$

$ES_{AD} = 0, EF_{AD} = ES_{AD} + t_{AD} = 0 + 6 = 6$

$ES_{AC} = 0, EF_{AC} = ES_{AC} + t_{AC} = 0 + 4 = 4$

$ES_{BD} = EF_{AB} = 2, EF_{BD} = ES_{BD} + t_{BD} = 2 + 5 = 7$

$ES_{CD} = EF_{AC} = 4, EF_{CD} = ES_{CD} + t_{CD} = 4 + 4 = 8$

$ES_{DE} = Max\{EF_{BD}, EF_{AD}, EF_{CD}\} = Max\{7, 6, 8\} = 8$

$EF_{DE} = ES_{DE} + t_{DE} = 8 + 3 = 11$

(2) $EF_{DE} = 11$ ∴ $LF_{DE} = 11$，$LS_{DE} = LF_{DE} - t_{DE} = 11 - 3 = 8$

$LS_{DE} = 8 = LF_{BD} = LF_{AD} = LF_{CD}$

∴ $LS_{BD} = LF_{BD} - t_{BD} = 8 - 5 = 3 = LF_{AB}$

又 $LS_{BD} = LF_{BD} = 8 - 5 = 3$

$LS_{AB} = LF_{AB} - t_{AB} = 3 - 2 = 1$

$LS_{AD} = LF_{AD} - t_{AD} = 8 - 6 = 2$

$LS_{CD} = LF_{CD} - t_{CD} = 8 - 4 = 4$

又 $LS_{CD} = LF_{AC} = 4$

∴ $LS_{AC} = LF_{AC} - t_{AC} = 4 - 4 = 0$

(3) 寬裕時間 S = LF − EF（或 LS − ES）

作業	t	ES	EF	LS	LF	S
A-B	2	0	2	1	3	1
A-D	6	0	6	2	8	2
A-C	4	0	4	0	4	0
B-D	5	2	7	3	8	1
C-D	4	4	8	4	8	0
D-E	3	8	11	8	11	0

(4) ∵ $S_{AC} = S_{CD} = S_{DE} = 0$

∴ 要徑爲 A-C-D-E

＋ 本節關鍵字

1. optiministic time
2. pressmistic time
3. most likely time
4. normal time
5. total slack

6. latest start time (LS)
7. earlist start time (ES)
8. latest finish time (LF)
9. earlist finish time (EF)

16.5　趕工

本節將對專案管理的兩個常見議題**趕工**（crash）進行簡介。

趕工──時間與成本的取捨

　　專案在規劃階段所作的時間與預算都是在人力、設備與預算都處於正常狀態之情況下所編列出來的，但到了執行階段，專案會因必須提前完成、或為避免因延宕而被罰款等而需調整當初規劃的時間，這些都是專案趕工常見的原因。趕工雖然會增加專案的直接費用，但因使用更多的人力、設備等反而增加了間接成本。一來一往下，專案經理必須評估趕工之成本與縮短之工時成本是否值得，這就是時間與成本的取捨。

趕工分析

　　專案趕工之時間與成本之取捨的分析步驟如下：
1. 由網路圖找出專案的要徑。
2. 計算成本斜率。

$$成本斜率 = \left| \frac{正常成本 - 趕工成本}{正常時間 - 趕工時間} \right|$$

　　它表示單位可趕工成本，要徑上最小的單位可趕工成本工作業先安排趕工。
3. 在下列原則下儘量減少作業日數：
　　(1) 不得超過最大趕工日數。
　　(2) 原路徑仍為要徑。（若有二條及其以上都是要徑時，需同時縮短同樣日數。）
　　(3) 若考慮趕工之間接成本時，趕工所節省成本不得超過專案之間接成本。
4. 反覆 1. 至 3. 直至專案趕工所節省成本仍低於專案之間接成本為止。

例題	作業	正常時間	趕工時間	正常成本	趕工成本
	A-B	5天	4天	10,000	11,000
	A-C	5天	3天	12,000	15,000
	B-D	6天	5天	8,000	10,000
	C-D	5天	4天	15,000	16,000
	D-E	7天	5天	15,000	19,000
				60,000	

試求應如何趕工？

解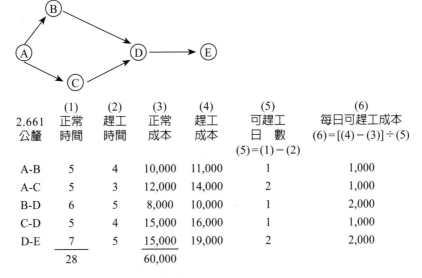

2.661 公釐	(1) 正常 時間	(2) 趕工 時間	(3) 正常 成本	(4) 趕工 成本	(5) 可趕工 日 數 (5)=(1)-(2)	(6) 每日可趕工成本 (6)=[(4)-(3)]÷(5)
A-B	5	4	10,000	11,000	1	1,000
A-C	5	3	12,000	14,000	2	1,000
B-D	6	5	8,000	10,000	1	2,000
C-D	5	4	15,000	16,000	1	1,000
D-E	7	5	15,000	19,000	2	2,000
	28		60,000			

迭算 0：由表知本專案計畫之 A-B-D-E 為要徑，完工總日數為 18
天，完工總成本為 $60,000

迭算 1：（A-B-D-E 為要徑）

作業	可趕工日數	每日趕工成本	可趕工日數
A-B	1	1,000（最小）	1
B-D	1	2,000	0
D-E	2	2,000	0

∴專案總成本 = $60,000 + $1,000 = $61,000，完工總日數為 18 - 1
　= 17 天

迭算 2：（A-B-D-E 與 A-C-D-E 均為要徑）

作業	可趕工日數	每日趕工成本	擬趕工日數
A-B	0	－	0
B-D	1	2,000	1
D-E	2	2,000	0
A-C	2	1,000	1
C-D	1	1,000	0

∴專案總成本 = $61,000 + $2,000 + $1,000 = $64,000，完工總日數
　為 17 - 1 - 1 = 15 天

+ 本節關鍵字

1. crash

附錄
常態曲線下之面積

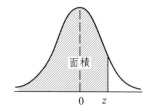

面積

0 z

z	0.00	0.01	0.02	0.03	0.04	0.05	0.06	0.07	0.08	0.09
−3.4	0.0003	0.0003	0.0003	0.0003	0.0003	0.0003	0.0003	0.0003	0.0003	0.0002
−3.3	0.0005	0.0005	0.0005	0.0004	0.0004	0.0004	0.0004	0.0004	0.0004	0.0003
−3.2	0.0007	0.0007	0.0006	0.0006	0.0006	0.0006	0.0006	0.0005	0.0005	0.0005
−3.1	0.0010	0.0009	0.0009	0.0009	0.0008	0.0008	0.0008	0.0008	0.0007	0.0007
−3.0	0.0013	0.0013	0.0013	0.0012	0.0012	0.0011	0.0011	0.0011	0.0010	0.0010
−2.9	0.0019	0.0018	0.0017	0.0017	0.0016	0.0016	0.0015	0.0015	0.0014	0.0014
−2.8	0.0026	0.0025	0.0024	0.0023	0.0023	0.0022	0.0021	0.0021	0.0020	0.0019
−2.7	0.0035	0.0034	0.0033	0.0032	0.0031	0.0030	0.0029	0.0028	0.0027	0.0026
−2.6	0.0047	0.0045	0.0044	0.0043	0.0041	0.0040	0.0039	0.0038	0.0037	0.0036
−2.5	0.0062	0.0060	0.0059	0.0057	0.0055	0.0054	0.0052	0.0051	0.0049	0.0048
−2.4	0.0082	0.0080	0.0078	0.0075	0.0073	0.0071	0.0069	0.0068	0.0066	0.0064
−2.3	0.0107	0.0104	0.0102	0.0099	0.0096	0.0094	0.0091	0.0089	0.0087	0.0084
−2.2	0.0139	0.0136	0.0132	0.0129	0.0125	0.0122	0.0119	0.0116	0.0113	0.0110
−2.1	0.0197	0.0174	0.0170	0.0166	0.0162	0.0158	0.0154	0.0150	0.0146	0.0143
−2.0	0.0228	0.0222	0.0217	0.0212	0.0207	0.0202	0.0197	0.0192	0.0188	0.0183
−1.9	0.0287	0.0281	0.0274	0.0268	0.0262	0.0256	0.0250	0.0244	0.0239	0.0233
−1.8	0.0359	0.0352	0.0344	0.0336	0.0329	0.0322	0.0314	0.0307	0.0301	0.0294
−1.7	0.0146	0.0436	0.0427	0.0418	0.0409	0.0401	0.0392	0.0384	0.0375	0.0367
−1.6	0.0548	0.0537	0.0526	0.0516	0.0505	0.0495	0.0485	0.0475	0.0465	0.0455
−1.5	0.0668	0.0655	0.0643	0.0630	0.0618	0.0606	0.0594	0.0582	0.0571	0.0559
−1.4	0.0808	0.0793	0.0778	0.0764	0.0749	0.0735	0.0722	0.0708	0.0694	0.0681
−1.3	0.0968	0.0951	0.0934	0.0918	0.0901	0.0885	0.0869	0.0853	0.0838	0.0823
−1.2	0.1151	0.1131	0.1112	0.1093	0.1075	0.1056	0.1038	0.1020	0.1003	0.0985
−1.1	0.1357	0.1335	0.1314	0.1292	0.1271	0.1251	0.1230	0.1210	0.1190	0.1170
−1.0	0.1587	0.1562	0.1539	0.1515	0.1492	0.1469	0.1446	0.1423	0.1401	0.1379
−0.9	0.1841	0.1814	0.1788	0.1762	0.1736	0.1711	0.1685	0.1660	0.1635	0.1611
−0.8	0.2119	0.2090	0.2061	0.2033	0.2005	0.1977	0.1949	0.1922	0.1894	0.1867
−0.7	0.2420	0.2389	0.2358	0.2327	0.2296	0.2266	0.2236	0.2206	0.2177	0.2148
−0.6	0.2743	0.2709	0.2676	0.2643	0.2611	0.2578	0.2546	0.2514	0.2483	0.2451
−0.5	0.3085	0.3050	0.3015	0.2981	0.2946	0.2912	0.2877	0.2843	0.2810	0.2776
−0.4	0.3446	0.3409	0.3372	0.3336	0.3300	0.3264	0.3228	0.3192	0.3156	0.3121
−0.3	0.3821	0.3783	0.3745	0.3717	0.3669	0.3632	0.3594	0.3557	0.3520	0.3483
−0.2	0.4207	0.4168	0.4129	0.4090	0.4052	0.4013	0.3974	0.3936	0.3897	0.3859
−0.1	0.4602	0.4562	0.4522	0.4483	0.4443	0.4404	0.4364	0.4325	0.4286	0.4247
−0.0	0.5000	0.4960	0.4920	0.4880	0.4840	0.4801	0.4761	0.4721	0.4681	0.4641

z	0.00	0.01	0.02	0.03	0.04	0.05	0.06	0.07	0.08	0.09
0.0	0.5000	0.5040	0.5080	0.5120	0.5160	0.5199	0.5239	0.5279	0.5319	0.5359
0.1	0.5398	0.5438	0.5478	0.5517	0.5557	0.5596	0.5636	0.5675	0.5714	0.5753
0.2	0.5793	0.5832	0.5871	0.5910	0.5948	0.5987	0.6026	0.6064	0.6103	0.6141
0.3	0.6179	0.6217	0.6255	0.6293	0.6331	0.6368	0.6406	0.6443	0.6430	0.6517
0.4	0.6554	0.6591	0.6628	0.6664	0.6700	0.6736	0.6772	0.6806	0.6844	0.6879
0.5	0.6915	0.6950	0.6985	0.7019	0.7054	0.7088	0.7123	0.7157	0.7190	0.7224
0.6	0.7257	0.7291	0.7324	0.7357	0.7389	0.7422	0.7454	0.7486	0.7517	0.7549
0.7	0.7580	0.7611	0.7642	0.7673	0.7704	0.7734	0.7764	0.7794	0.7823	0.7852
0.8	0.7881	0.7910	0.7939	0.7967	0.7995	0.8023	0.8051	0.8078	0.8106	0.8133
0.9	0.8159	0.8186	0.8212	0.8238	0.8264	0.8289	0.8315	0.8340	0.8365	0.8389
1.0	0.8413	0.8438	0.8461	0.8485	0.8508	0.8531	0.8554	0.8577	0.8599	0.8621
1.1	0.8643	0.8665	0.8686	0.8708	0.8729	0.8749	0.8770	0.8790	0.8810	0.8830
1.2	0.8849	0.8869	0.8888	0.8907	0.8925	0.8944	0.8962	0.8980	0.8997	0.9015
1.3	0.9032	0.9049	0.9066	0.9082	0.9099	0.9115	0.9131	0.9147	0.9162	0.9177
1.4	0.9192	0.9207	0.9222	0.9236	0.9251	0.9265	0.9278	0.9292	0.9306	0.9319
1.5	0.9332	0.9345	0.9357	0.9370	0.9382	0.9394	0.9406	0.9418	0.9429	0.9441
1.6	0.9452	0.9463	0.9474	0.9484	0.9495	0.9505	0.9515	0.9525	0.9535	0.9545
1.7	0.9554	0.9564	0.9573	0.9582	0.9591	0.9599	0.9608	0.9616	0.9625	0.9633
1.8	0.9641	0.9649	0.9656	0.9664	0.9671	0.9678	0.9686	0.9693	0.9699	0.9706
1.9	0.9713	0.9719	0.9726	0.9732	0.9738	0.9744	0.9750	0.9756	0.9761	0.9767
2.0	0.9772	0.9778	0.9783	0.9788	0.9793	0.9798	0.9803	0.9808	0.9812	0.9817
2.1	0.9821	0.9826	0.9830	0.9834	0.9818	0.9842	0.9846	0.9850	0.9854	0.9857
2.2	0.9861	0.9864	0.9868	0.9871	0.9875	0.9878	0.9881	0.9884	0.9887	0.9890
2.3	0.9893	0.9896	0.9898	0.9901	0.9904	0.9906	0.9909	0.9911	0.9913	0.9916
2.4	0.9918	0.9920	0.9922	0.9923	0.9927	0.9929	0.9931	0.9932	0.9934	0.9936
2.5	0.9930	0.9940	0.9941	0.9943	0.9945	0.9946	0.9948	0.9949	0.9951	0.9952
2.6	0.9953	0.9955	0.9956	0.9957	0.9959	0.9960	0.9961	0.9962	0.9963	0.9964
2.7	0.9963	0.9966	0.9967	0.9968	0.9969	0.9970	0.9971	0.9972	0.9973	0.9974
2.8	0.9974	0.9975	0.9976	0.9977	0.9977	0.9978	0.9979	0.9979	0.9980	0.9981
2.9	0.9981	0.9982	0.9982	0.9983	0.9984	0.9984	0.9985	0.9985	0.9980	0.9986
3.0	0.9987	0.9987	0.9987	0.9988	0.9988	0.9989	0.9989	0.9989	0.9990	0.9990
3.1	0.9990	0.9991	0.9991	0.9991	0.9992	0.9992	0.9992	0.9992	0.9993	0.9993
3.2	0.9993	0.9993	0.9994	0.9994	0.9994	0.9994	0.9994	0.9995	0.9995	0.9995
3.3	0.9995	0.9995	0.9995	0.9996	0.9996	0.9996	0.9996	0.9996	0.9996	0.9997
3.4	0.9997	0.9997	0.9997	0.9997	0.9997	0.9997	0.9997	0.9997	0.9997	0.9998

國家圖書館出版品預行編目資料

圖解作業管理／黃大偉著. -- 初版. -- 臺北
市：五南, 2020.06
　面；　公分
　ISBN 978-957-763-998-1 (平裝)

1.作業管理

494.5　　　　　　　　　　109005554

5A13

圖解作業管理

作　　　者 ─ 黃大偉（305.2）

發 行 人 ─ 楊榮川

總 經 理 ─ 楊士清

總 編 輯 ─ 楊秀麗

主　　　編 ─ 王正華

責任編輯 ─ 金明芬

助理編輯 ─ 曹筱彤

封面設計 ─ 王麗娟

出 版 者 ─ 五南圖書出版股份有限公司

地　　　址：106台北市大安區和平東路二段339號4樓

電　　　話：(02)2705-5066　　傳　　真：(02)2706-6100

網　　　址：http://www.wunan.com.tw

電子郵件：wunan@wunan.com.tw

劃撥帳號：01068953

戶　　　名：五南圖書出版股份有限公司

法律顧問　林勝安律師事務所　林勝安律師

出版日期　2020年6月初版一刷

定　　　價　新臺幣320元

經典永恆・名著常在

五十週年的獻禮 —— 經典名著文庫

五南，五十年了，半個世紀，人生旅程的一大半，走過來了。

思索著，邁向百年的未來歷程，能為知識界、文化學術界作些什麼？

在速食文化的生態下，有什麼值得讓人雋永品味的？

歷代經典・當今名著，經過時間的洗禮，千錘百鍊，流傳至今，光芒耀人；

不僅使我們能領悟前人的智慧，同時也增深加廣我們思考的深度與視野。

我們決心投入巨資，有計畫的系統梳選，成立「經典名著文庫」，

希望收入古今中外思想性的、充滿睿智與獨見的經典、名著。

這是一項理想性的、永續性的巨大出版工程。

不在意讀者的眾寡，只考慮它的學術價值，力求完整展現先哲思想的軌跡；

為知識界開啟一片智慧之窗，營造一座百花綻放的世界文明公園，

任君遨遊、取菁吸蜜、嘉惠學子！